LA GESTION MENTALE
Au cœur de l'apprentissage

Résolution de problèmes

Claire Côté

Avec la collaboration de

Danielle Bertrand-Poirier
Francesca Gianesin
Lucille Paquette Chayer

Chenelière Éducation

Gestion mentale
Au cœur de l'apprentissage
Résolution de problèmes

Claire Côté et coll.

Coordination : Denis Fallu
Révision linguistique et
correction d'épreuves : Anne-Marie Théorêt
Infographie : Bernard Bérubé
Couverture : Josée Bégin

Données de catalogage avant publication (Canada)

Côté, Claire, 1956-

Résolution de problèmes
(La gestion mentale. Au cœur de l'apprentissage)

ISBN 2-89461-358-X

1. Résolution de problèmes chez l'enfant. 2. Mathématiques – Étude et enseignement (Primaire). 3. Apprentissage cognitif. 4. Représentation mentale chez l'enfant. I. Titre. II. Collection.

LB1027.42.C67 1999 370.15'24 C99-941422-4

CHENELIÈRE ÉDUCATION

7001, boul. Saint-Laurent
Montréal (Québec) Canada H2S 3E3
Téléphone : 514 273-1066
Télécopieur : 450 461-3834 / 1 888 460-3834
info@cheneliere.ca

ISBN 2-89461-358-X

Dépôt légal : 1er trimestre 2000
Bibliothèque nationale du Québec
Bibliothèque nationale du Canada

6 7 8 9 ITM 12 11 10 09

Nous reconnaissons l'aide financière du Canada par l'entremise du Programme d'Aide au Développement de l'Industrie de l'Édition pour nos activités d'édition.

L'Éditeur a fait tout ce qui était en son pouvoir pour retrouver les copyrights. On peut lui signaler tout renseignement menant à la correction d'erreurs ou d'omissions.

TABLE DES MATIÈRES

Guide général

Guide de l'accompagnateur

Annexes

Fiches de l'enseignant

Fiches des parents

Fiche de l'élève

Problèmes à résoudre

Guide général

La gestion mentale au cœur de l'apprentissage

Le triangle de la réussite : enfants, enseignants et parents

Le lien étroit entre la démarche d'apprentissage de l'enfant, l'intervention de l'enseignant et le soutien des parents est indissociable. Nous sommes conscientes de la disparité entre le savoir des parents, l'apprentissage de l'enfant et les objectifs poursuivis par les pédagogues. Nous proposons donc un matériel permettant l'unité des interventions tout en guidant l'élève vers une bonne gestion de ses ressources internes, sa gestion mentale.

Le rôle de l'accompagnateur (parent, enseignant, orthopédagogue...) consiste à :

- aider l'élève à observer ce qui se produit dans sa tête au moment où il apprend. Cette introspection lui permet de prendre conscience des opérations mentales qu'il doit effectuer pour intégrer des connaissances ;

- faire des propositions pédagogiques permettant d'orienter l'élève, qui éprouve des difficultés, vers les gestes mentaux nécessaires à la bonne compréhension et à l'exécution de la tâche ;

- consolider l'utilisation des stratégies adéquates et à encourager la gestion autonome des gestes mentaux.

Le rôle de l'enfant consiste à :

- se mettre en projet et à s'investir dans l'apprentissage ;

- être attentif, c'est-à-dire re-voir, re-dire ou ré-entendre dans sa tête l'objet de perception[1];

- confronter ses nouvelles évocations avec ses acquis antérieurs ;

- se projeter dans un avenir où il aura à réutiliser ces connaissances.

1. Dans le contexte de la gestion mentale, re-voir, re-dire et ré-entendre signifient « faire cette action dans sa tête » et non « faire cette action une deuxième fois ».

Le projet de sens

Le projet d'apprendre agit comme moteur de l'activité mentale ; il en est la toile de fond qui guide et anime les gestes mentaux. Lorsque l'élève est en projet, sa tête et son corps investissent les efforts nécessaires pour atteindre l'objectif visé.

Antoine de La Garanderie définit le projet de sens comme étant : « l'acte mental par lequel l'individu humain structure implicitement ou explicitement – dans ce dernier cas par des évocations visuelles, auditives, verbales ou par implexes moteurs – l'activité corporelle ou intellectuelle à laquelle il va se livrer ».

Tous peuvent réussir s'ils s'en donnent le projet !

L'intention, le projet de sens, la mise en projet

L'intention :

– L'intention donne une direction à l'élève ; elle lui fixe un objectif, par exemple lire un problème avec l'intention de le résoudre. Cette notion est reliée à la tâche elle-même.

Le projet de sens :

– Dans la pédagogie de la gestion mentale, le projet dépasse l'intention pour devenir force d'anticipation. Cela mobilise l'élève dans un processus dynamique qui donnera sens aux gestes mentaux qu'il mettra en œuvre pour atteindre son but. Cette notion est davantage reliée à l'individu lui-même et prend en compte tant le but que les moyens.

– Le projet est initié par l'élève qui a le désir de réussir. L'enseignant peut faire des suggestions de projet, mais l'élève, en plus ou malgré ces suggestions, a un projet de sens qui l'anime et intensifie son activité mentale.

La mise en projet :

– L'enseignant connaît la finalité de la tâche qu'il propose à ses élèves (attention, mémorisation, compréhension, réflexion ou imagination). Lors de la mise en projet, il donne des consignes précises à l'élève pour que celui-ci pose les gestes mentaux nécessaires à l'accomplissement de sa tâche.

La pédagogie de la gestion mentale

LE PROJET DE SENS

oriente les gestes mentaux

d'attention, de mémorisation, de compréhension, de réflexion, d'imagination

Réactivation des connaissances → Perception → **ÉVOCATIONS** (Laisser du temps) → Restitution → Dialogue pédagogique

auditives
auto-auditives
ou verbales
(gestion du temps)

visuelles
auto-visuelles
(gestion de l'espace)

Évocations

auditives auto-auditives ou verbales	visuelles auto-visuelles		**Paramètres**
J'entends ou je redis pomme.		**1**	Évocation du concret : quotidien, scènes, choses, gestes...
pom-me p-o-m-m-e	**pomme**	**2**	Évocation des symboles : mots et chiffres écrits, règles, récitation automatisée...
« Les pommes sont des fruits... »		**3**	Évocation des principes et des relations : lois, règles, catégories, analogies...
« Une pomme, si j'ajoutais... »		**4**	Évocation en recherche de transformations : inventions, découvertes.

Les gestes mentaux

Le geste d'attention

Par ce geste mental, l'élève fait exister mentalement l'objet perçu.

Pour être attentif, l'élève :

- entend avec le projet de ré-entendre, voir ou dire dans sa tête ;
- regarde avec le projet de re-voir, dire ou entendre dans sa tête.

PERCEPTION

Avant même de le percevoir, je me donne le projet d'évoquer l'objet.

<u>L'objet est présent.</u>

Je peux le sentir, le goûter, le voir, le toucher et entendre le son qu'il produit.

Quand j'observe un objet, avec le projet de l'évoquer, je peux :

- regarder l'objet ainsi que tous les détails qui le composent ;
- me parler de cet objet ;
- préciser ma perception en me décrivant les détails de l'objet ;
- écouter une personne me dire les détails que je dois observer.

ÉVOCATION

<u>L'objet est absent.</u>

Quand l'objet n'est plus là,
je le fais revenir dans ma tête, soit :

- en me parlant de cet objet et des détails que j'ai perçus ;
- en revoyant l'objet perçu avec tous les détails qui le composent.

Le geste de mémorisation

Par ce geste mental, l'élève place ce qu'il veut retenir dans un imaginaire d'avenir.

Pour mémoriser, l'élève :

- a le projet de mémoriser, c'est-à-dire re-voir, ré-entendre ou re-dire (geste d'attention) dans une évocation d'avenir ;
- encode ce qu'il veut mémoriser (il se donne des trucs mnémotechniques pour mieux fixer et retrouver l'objet à mémoriser) ;
- évoque visuellement ou auditivement l'objet et le truc (il effectue des allers-retours jusqu'à ce que l'objet évoqué soit conforme à l'objet de perception) ;
- réactive l'objet et le truc évoqués (il s'entraîne à réciter ce qui a été évoqué dans une situation future d'utilisation).

Selon A. de La Garanderie : « La mémoire est une fonction de relation à l'avenir. Son projet est de lancer dans l'imaginaire de l'avenir ce que l'on veut y retrouver. » Les personnes qui apprennent sans avoir de projet d'avenir, qui font un simple acte de répétition dans le présent, ne mémorisent pas.

Voici, pour mieux saisir, un exemple qui illustre le geste de mémorisation.

L'élève projette de mémoriser le mot pomme. Il encode la difficulté (truc mnémotechnique). Il évoque visuellement ou auditivement le mot. Il imagine l'utilisation future qu'il fera de ce mot.

Perception	Perception	Évocation du mot (P2)	Évocation d'un avenir de réutilisation (P1)
Je vois le mot pomme ou j'entends le mot pomme.	J'observe la difficulté ; je me dis que dans pomme il y a deux « m ».	Je vois, j'entends, je me dis le mot pomme et sa difficulté.	J'imagine la situation où j'aurai à utiliser le mot pomme.

Le geste de compréhension

Par ce geste mental, l'élève confronte ce qu'il évoque et ce qu'il perçoit avec le projet de donner sens à l'objet de perception.

Pour comprendre, l'élève :

- évoque ce qui est perçu (évocations visuelles, verbales ou auditives). Si l'élève évoque visuellement, il comprend dans le cadre de l'espace. Sa compréhension surgit à partir d'une évocation visuelle de globalité qu'il enrichira progressivement, qu'il détaillera. Si l'élève évoque auditivement, il comprend dans le cadre du temps. Il prend appui sur des repères chronologiques (d'abord, après, enfin) ;

- fait des allers-retours entre ce qu'il perçoit et ce qu'il évoque.

Voici, pour mieux saisir, un exercice qui illustre le geste de compréhension.

Après avoir lu la phrase dans l'encadré, observez votre procédure mentale. Comment avez-vous fait pour évoquer la phrase ? Pour répondre à la question ? Prenez le temps de créer un « ralenti mental », de faire de l'introspection. Ensuite, lisez la remarque sous l'encadré.

> Paul mange une pomme, un sandwich tomate et laitue et de la macédoine.
>
> Quel est le repas de Paul ?

Vous avez probablement fait des évocations visuelles, verbales ou auditives (paramètres 1 et 2) de la phrase perçue et vous lui avez donné un sens. En répondant à la question, vous avez fait appel à vos images auditives, verbales ou visuelles. Vous avez donc fait un geste de compréhension.

Le geste de réflexion

Par ce geste mental, l'élève fait un retour sur ses acquis (connaissances, règles, expériences) avec le projet de les utiliser pour répondre à une question ou résoudre un problème.

Pour réfléchir, l'élève :

- évoque ce qui est perçu (évocations visuelles, verbales ou auditives) ;
- confronte ces évocations à ses acquis ;
- choisit parmi ces évocations celles qui lui serviront le mieux et les « fléchit » pour leur donner la forme qui répond à la question posée.

Voici, pour mieux saisir, un exercice qui illustre le geste de réflexion.

Après avoir lu la phrase dans l'encadré, observez votre procédure mentale. Comment avez-vous fait pour évoquer la phrase ? Pour répondre à la question ? Prenez le temps de créer un « ralenti mental », de faire de l'introspection. Ensuite, lisez les remarques sous l'encadré.

Paul mange une pomme, un sandwich tomate et laitue et de la macédoine.

Quels fruits Paul mange-t-il ?

Vous avez fait des évocations visuelles, verbales ou auditives (paramètres 1, 2 et 3) de la phrase perçue. Vous avez confronté vos évocations à vos acquis : votre connaissance des fruits et des légumes.

« La pomme est un fruit (analogie de similitude). Dans le sandwich, il y a de la laitue, mais la laitue n'est pas un fruit (analogie de différence). Il y a aussi des tranches de tomate, et la tomate est un fruit (analogie de similitude). Dans la macédoine, si c'en est une de légumes, il y a des carottes, des fèves et des petits pois ; ce sont des légumes (analogie de similitude) ou ce ne sont pas des fruits (analogie de différence). »

Lorsque vous avez répondu à la question, vous avez choisi, parmi vos évocations, les plus utiles et vous les avez « fléchies » pour leur donner la forme qui répondait à la question posée. Vous avez donc fait un geste de réflexion.

Le geste d'imagination

Par ce geste mental, l'élève écoute ou regarde le monde avec le projet de découvrir ou d'inventer.

Pour imaginer, l'élève :

- évoque ce qui est perçu (évocations visuelles, verbales ou auditives) ;
- s'approprie ce qu'il perçoit (il s'incarne dans l'objet ou il l'accompagne) ;
- effectue des transformations ;
- anticipe l'utilisation future de cet objet transformé.

Avant même de percevoir l'objet, l'élève projette de rechercher dans ce qui est vu, ce qui peut être vu autrement ; dans ce qui est entendu, ce qui peut être entendu différemment.

Certains élèves visent à la découverte, d'autres à l'invention. La démarche des découvreurs diffère de celle des inventeurs.

L'inventeur :

- Son projet est de transformer, d'ajouter quelque chose à la réalité pour l'améliorer, pour pallier un manque. Son projet vise l'application.
- Il cherche le comment des choses. Il a l'intelligence de ce qui peut être.
- Il s'intéresse aux objets fabriqués ; il a la curiosité de leurs mécanismes.
- Il a le sentiment que c'est autre chose que ce qu'on lui explique qui lui permettrait de comprendre ; il est trop longtemps insatisfait.

Le découvreur :

- Son projet est de mieux connaître les richesses de cette réalité pour l'exploiter, lui apporter un sens nouveau. Son projet vise l'explication.
- Il cherche le pourquoi des choses. Il a l'intelligence de ce qui est.
- Il cherche des explications à des phénomènes que la nature lui offre ; il s'intéresse plus aux êtres qu'aux objets.
- Il a le sentiment de comprendre ce qu'on lui explique ; il est trop vite satisfait.

Les familles évocatives

Les évocations visuelles et auto-visuelles

L'élève qui évoque visuellement a pris l'habitude de se donner des images visuelles de ce qu'il perçoit (ce qu'il voit ou entend).

On retrouve deux types d'évocations :

- Visuelles : l'élève évoque des images telles qu'il les a perçues. Il reste en quelque sorte extérieur à ses évocations. Ce type s'appelle aussi une évocation de troisième personne.
- Auto-visuelles : l'élève est plus engagé dans les évoqués. Il personnalise l'image qu'il construit ou se voit présent dans cette image. Ce type s'appelle aussi une évocation en première personne.

Les évocations auditives et auto-auditives (verbales)

L'élève qui évoque auditivement a pris l'habitude de se donner des images auditives de ce qu'il perçoit (ce qu'il voit ou entend).

On retrouve deux types d'évocations :

- Auditives : l'élève ré-entend les sons, les voix ou les commentaires tels qu'il les a entendus. Ce type s'appelle aussi une évocation de troisième personne.
- Auto-auditives ou verbales : l'élève re-dit textuellement ou à sa manière les propos entendus. Ce type s'appelle aussi une évocation en première personne.

Les évocations mixtes

L'élève, après l'évocation dominante (visuelle, auditive ou verbale), peut avoir un prolongement vers d'autres types d'évocations (une évocation visuelle peut être suivie d'une évocation auditive et vice versa).

Les domaines d'évocation

Vous pouvez connaître les habitudes évocatives de vos élèves, mais cela ne suffit pas pour évaluer en profondeur leur profil d'apprentissage. Une investigation plus minutieuse s'avère nécessaire pour déterminer quels paramètres d'évocation l'élève utilise dans les différentes tâches proposées. « Or, sans la connaissance des paramètres pédagogiques, pas d'évaluation juste des élèves. » Cette citation d'Antoine de La Garanderie révèle toute son importance lorsqu'il s'agit d'aider un enfant en difficulté dans une tâche de résolution de problèmes. L'auteur a observé et décrit quatre paramètres. En voici une courte définition, accompagnée d'illustrations.

Paramètre 1 : L'élève évoque visuellement ou auditivement du concret (le quotidien, les êtres, les scènes, les objets, les gestes).

Paramètre 2 : L'élève évoque visuellement ou auditivement des éléments appris par cœur (mots, chiffres, symboles).

Paramètre 3 : L'élève évoque visuellement ou auditivement des principes, des relations (lois, règles, catégories, rapports de cause à effet).

Paramètre 4 : L'élève évoque visuellement ou auditivement des éléments inédits (invention, découverte).

Le tableau ci-dessous illustre comment, à partir d'une perception auditive, un élève peut se représenter, « évoquer » ce qu'il a perçu.

Perception auditive du mot pomme : évocations dans les différents paramètres

	P1	P2	P3	P4
Évocations auditives ou verbales	J'entends ou je dis le mot pomme dans ma tête.	J'entends ou j'épelle le mot : p-o-m-m-e.	J'entends ou je dis ce que je connais des pommes.	Je peux entendre ou parler de la transformation d'une pomme.
Évocations visuelles ou auto-visuelles	Je vois une pomme ou ma pomme dans ma tête. 	Je vois le mot pomme dans ma tête. **pomme**	Je vois ce que je connais des pommes. 	Je peux voir la transformation d'une pomme. 

Le dialogue pédagogique

Le dialogue pédagogique est un échange verbal pendant lequel l'accompagnateur, par les techniques de reformulation (selon Carl Rogers), aide l'élève à faire émerger dans sa conscience les procédures mentales qu'il utilise. Ce dialogue pédagogique peut s'engager à tout moment : avant, pendant ou après une leçon. Il peut se faire avec un élève ou dans un groupe-classe.

Les questions restent ouvertes et portent sur le « comment » et non sur le « pourquoi » ; elles ne doivent être ni trop vagues ni trop inductrices.

- L'accompagnateur se renseigne d'abord sur les procédures mentales dont l'élève fait usage pour s'approprier le savoir :
  - Raconte-moi ce qui s'est passé dans ta tête quand tu as lu ce problème.
  - Je ne sais pas.
  - Est-ce que tu as entendu la voix de ton enseignante ou une autre voix lire à ta place ? Ou bien alors, as-tu fait des images ou un film dans ta tête ?
  - J'ai imaginé le problème, je le voyais comme sur un écran...

- Ensuite, l'accompagnateur renseigne l'élève sur les procédures mentales dont il pourrait faire usage pour s'approprier le savoir :
  - Bien, je vais te proposer quelque chose. Comme tu as de la facilité à comprendre un problème lorsque tu fais un film dans ta tête, tu pourrais utiliser cette façon de faire quand...

Le dialogue pédagogique est utile à l'élève et à l'accompagnateur. Grâce à cette analyse introspective, l'élève prend conscience de son fonctionnement mental. Il pourra par la suite choisir de modifier ses stratégies selon qu'elles sont aidantes ou nuisibles pour lui. L'élève devient ainsi plus autonome et responsable de ses apprentissages.

Le dialogue pédagogique est aussi d'une grande utilité pour l'accompagnateur. Les réponses de l'élève lui permettent de comprendre ce qui s'est passé dans la tête de celui-ci. Il peut ainsi mieux cerner ses difficultés et ses forces et ajuster ses interventions. Pour conduire un dialogue pédagogique, l'accompagnateur doit connaître son fonctionnement mental et s'ouvrir à celui des autres. Si vous désirez approfondir le sujet, nous vous recommandons fortement de lire *Le dialogue pédagogique avec l'élève*, d'Antoine de La Garanderie, paru aux Éditions du Centurion, Paris,1984.

Les étapes d'une pédagogie de la gestion mentale

La mise en projet

Le projet est le moteur de l'évocation ; vous devez vous en donner un pour agir. Le projet donne la direction aux gestes mentaux. Lorsque vous avez un projet, vous écoutez, questionnez, observez et sélectionnez l'information qui vous permettra d'atteindre ce projet. Vous avez donc à donner la bonne direction à l'élève pour qu'il pose les gestes mentaux nécessaires à l'accomplissement de sa tâche.

La réactivation des connaissances antérieures

L'apprentissage ne se fait pas que dans le temps présent, il a aussi un passé et un avenir. La mise en projet, c'est aussi inviter l'élève à se donner le projet de faire revenir ses acquis (passé), d'analyser l'information présentée (présent) et de s'imaginer dans une situation future où il aura à réutiliser cette information (avenir). Réactiver les connaissances antérieures comporte de nombreux avantages pédagogiques :

- Cela incite l'élève à évoquer.
- Comme il évoque ce qu'il connaît, il se sent rassuré et chez plusieurs, cela diminue les émotions paralysantes ou précipitantes.
- Ayant d'abord sollicité ses acquis, l'élève se voit dirigé vers un geste de réflexion : ses acquis sont mobilisés dans sa pensée sous forme de représentations concrètes ou symboliques et seront confrontés au problème.

La présentation du projet

Avant même de présenter la leçon, vous placez les élèves en projet d'évoquer ce que vous allez leur présenter (geste d'attention). Après avoir présenté la leçon de façon auditive et visuelle, vous enlevez l'objet de perception (afin de vous assurer que l'élève évoque ce qui est présenté), vous laissez un temps d'évocation et engagez un dialogue pédagogique pour aider les élèves à préciser leurs évocations.

La réalisation de la tâche

Pendant la réalisation de la tâche, l'accompagnateur peut en profiter pour observer les copies des élèves, les interroger, diriger au besoin leurs évocations, les aider à faire des liens avec leurs connaissances antérieures. Il peut aussi les amener à prendre conscience de la procédure mentale qu'ils utilisent lorsqu'ils sont performants (fiche de l'élève). Le transfert de ces procédures mentales dans des activités qu'ils maîtrisent mal devrait leur être très utile ultérieurement.

La réactivation

Sans réactivation, il n'y a pas de mémorisation possible ; il y a connaissance mais non apprentissage. L'élève doit donc projeter les procédures mentales et les connaissances dans l'imaginaire d'avenir où elles seront utilisées. Cette représentation « d'avenir de réutilisation » sera présente à l'esprit de l'élève lorsqu'il aura besoin de retrouver l'information. Plus les situations de réactivation se font dans des domaines variés, plus il y a transfert de connaissances dans d'autres disciplines.

Guide de l'accompagnateur

Mise en garde

Ce document est le fruit de nos réflexions, échanges et applications de la pédagogie de la gestion mentale. Dans ce guide sur la résolution de problèmes, vous trouverez :

- des activités progressives permettant l'appropriation des gestes mentaux qu'il faut mettre en œuvre pour résoudre des problèmes ;
- des pistes de réflexion ;
- des fiches qui s'adressent à l'enseignant, aux parents et à l'élève.

Les activités

Les activités ont été préparées et expérimentées dans plusieurs écoles de la région de Montréal et de la Rive-Sud. Elles sont présentées à titre d'exemples ; vous pourrez vous en servir et les faire évoluer selon vos besoins et ceux de vos élèves. Si vous utilisez ces activités comme de simples exercices, cela limiterait leur efficacité et leur ferait perdre tout leur sens.

Si vous avez une gestion de classe participative (ateliers, apprentissage coopératif...), la pédagogie de la gestion mentale peut aisément s'intégrer à votre pratique. Les activités peuvent se faire en dyade ou en petits groupes. Cette façon de procéder suscite la participation des élèves qui s'effacent dans un grand groupe. Nous vous proposons à l'annexe 6 un modèle de tableau dont vous pourrez vous inspirer et que vous pourrez modifier selon vos besoins. Avant d'utiliser ce tableau, il est important de s'assurer que chaque élève évoque les données du problème. Les échanges faits pour remplir le tableau aident les élèves à prendre conscience des différentes façons de procéder de leurs coéquipiers et de la nécessité d'organiser les données : énoncé, questions, opérations. Lorsque vous observerez chez vos élèves une maîtrise de ces procédures mentales, l'utilisation du tableau deviendra inutile.

Après ces quelques expérimentations, nous espérons que la pédagogie de la gestion mentale s'intégrera aisément à votre enseignement. En gardant à l'esprit les étapes de celle-ci, vous pourrez plus facilement guider les élèves dans l'appropriation de la démarche mentale qui les aidera à mieux réussir (voir Les étapes d'une pédagogie de la gestion mentale, page 14).

Les pistes de réflexion

Dans cette partie du cahier, nous vous offrons quelques voies d'exploration qui pourront enrichir vos réflexions et vous mettre sur la piste d'une solution pour pallier certaines difficultés éprouvées par vos élèves.

Les fiches de l'enseignant, des parents et de l'élève

Avant de présenter les activités à vos élèves, nous vous suggérons de lire les fiches de l'enseignant et de l'élève.

Les fiches adressées à l'enseignant vous permettront de connaître le mode d'évocation de vos élèves et vous donneront des renseignements sur l'utilisation de la fiche de l'élève ainsi que sur la manière de la remplir.

Les fiches adressées aux parents leur permettront d'identifier le mode d'évocation de leur enfant et leur donneront des renseignements sur la manière de procéder pour l'aider.

La fiche adressée à l'élève vous permettra, grâce à la numérotation, d'indiquer rapidement aux enfants les étapes qu'ils ont oubliées. Les élèves seront ainsi plus en mesure de prendre conscience de leurs omissions et des procédures mentales qui les aident à se représenter leurs problèmes.

Avant-propos

Les élèves qui réussissent à résoudre leurs problèmes s'en font une représentation mentale. Ces représentations correspondent à leur habitude évocative et se divisent en deux types : visuel et auditif.

Lorsque vous désirez aider un élève qui éprouve des difficultés à résoudre des problèmes mathématiques, il est important de connaître « sa manière de faire mentale ». Par le dialogue pédagogique, vous pouvez avoir accès à son monde mental. La différence entre le dialogue pédagogique et le questionnement traditionnel est que l'investigation se fait sur des objets évoqués et non sur l'objet lui-même.

Grâce à cette analyse introspective, l'élève prend conscience de son fonctionnement mental. Plus il est conscient des représentations qu'il se donne lorsqu'il résout correctement un problème, plus il aura à sa disposition un ensemble de représentations qu'il pourra utiliser, modifier, transférer dans d'autres situations similaires ou plus complexes.

L'illustration ci-dessous présente, à partir de la lecture d'un problème, de quelles façons un élève peut exprimer mentalement, c'est-à-dire évoquer, ce qu'il a perçu.

> Lucie veut offrir un café à ses invités. Il y a 4 tasses sur son plateau de service. Elle doit ajouter 3 fois plus de tasses pour servir tous ses invités. Combien de tasses va-t-elle ajouter ?

Pourquoi certains de vos élèves ont des difficultés à résoudre des problèmes

Les enfants qui éprouvent des difficultés à résoudre leurs problèmes mathématiques ont souvent développé de très mauvaises habitudes mentales.

La lecture de l'énoncé du problème

- Ils sont un peu trop pressés de passer à l'action et n'évoquent que partiellement l'énoncé.
- Ils ont une idée globale de l'histoire et omettent de la mettre en séquences (ou l'inverse).
- Ils se représentent la situation (P1), mais laissent de côté cette représentation lorsqu'ils évoquent les nombres (P2) ou les relations (P3). Pourtant, grâce aux représentations des actions (implexe moteur), l'élève peut déduire l'opération appropriée.

La lecture de la question

- Ils oublient de lire ou d'évoquer la question.
- Pendant la lecture de l'énoncé du problème, ils anticipent une question et ne retournent pas vérifier celle posée (ils répondent à la question qu'ils avaient en tête).
- Ils ne font pas de lien entre la question et l'énoncé du problème (l'élève a en tête la représentation de la question et du problème, mais il ne fait pas la confrontation entre les deux).

Les activités présentées dans les pages suivantes devraient vous permettre de pallier ces difficultés. Elles peuvent se faire avec un élève, en petits groupes ou dans un groupe-classe. Toutes ces activités peuvent d'abord être présentées par l'accompagnateur. Par la suite, vous pouvez mettre les élèves en projet de faire quelques exercices seuls. La qualité de ceux-ci importe plus que la quantité.

Les activités sont progressives ; cependant, vous pouvez varier l'ordre de présentation selon les besoins de vos élèves. Par exemple, si vous constatez après avoir fait l'activité 1 que vos élèves ont beaucoup de difficulté à se représenter la situation (P1), passez à l'activité 3 : la lecture d'un problème sans nombre.

À chacune des activités, l'accompagnateur doit s'assurer que les élèves évoquent le problème. L'absence du problème écrit, lors de la lecture de celui-ci, incite l'élève à s'en faire une représentation mentale. Cependant, après la lecture d'un problème qui contient beaucoup de données, vous pourriez écrire l'énoncé au tableau ou en remettre une copie aux élèves. En tout temps, vous pouvez répondre aux enfants qui vous questionnent parce qu'ils ont oublié un nombre, un nom, etc. (de nombreux élèves ont des difficultés à gérer simultanément plusieurs paramètres d'évocation).

Activité 1 : La promotion de l'évocation par des problèmes absurdes

Certains élèves, lorsqu'ils ont à résoudre un problème, omettent de se représenter la situation (P1). Ils restent en perception ou n'évoquent que des mots ou des nombres (P2). Ces élèves sont souvent les premiers à vous demander : « Qu'est-ce qu'on fait : une addition ou une soustraction ? »

D'autres élèves évoquent la situation, mais n'en tiennent pas compte. Pour eux, les mathématiques signifient faire des calculs. Ils ne croient pas que la situation énoncée dans un problème doit refléter une réalité. Ce n'est pas « la vraie vie » mais des mathématiques, alors tout est permis. Même les cordes qui allongent !

L'activité suivante sensibilise l'élève à l'importance d'évoquer la situation (P1) et d'en comprendre le sens avant de résoudre le problème.

- Remettez les problèmes aux élèves (voir annexe 1, page 47) et laissez suffisamment de temps pour qu'ils exécutent la tâche. Si certains élèves vous posent quelques questions, dites-leur de répondre au meilleur de leurs connaissances, car vous ne pouvez les aider. Rassurez les élèves ; certains doutent de leurs réponses (le troisième problème suscite beaucoup d'incertitude).
- Lorsque tous les élèves ont terminé les trois premiers problèmes, demandez-leur de retourner leur feuille (il est important de retirer de leur vue l'objet de perception pour vous assurer qu'ils évoqueront les problèmes que vous leur lirez).

Le début de l'activité

- Informez les élèves que cette activité ne sera pas notée. Elle va les aider à se « débarrasser » de mauvaises habitudes mentales qui nuisent à la compréhension des problèmes et va aussi les aider à en développer de nouvelles. Par la suite, il sera plus facile et intéressant pour eux de résoudre leurs problèmes.
- Avant de commencer la lecture, dites à vos élèves que vous allez leur lire le premier problème et que vous aimeriez qu'ils aient le projet de l'imaginer comme si c'était une histoire. Lisez lentement, avec des arrêts, pour laisser des temps d'évocation. Si les élèves n'ont pas compris l'absurdité du problème après une première lecture, c'est qu'ils sont probablement toujours en évocation de paramètre 2. Pour les diriger en évocation de paramètre 1 (la situation), relisez le problème, mais sans dire les nombres, ou demandez-leur de faire semblant d'être dans le problème (voir verso de cette page).
- Faites de même pour les problèmes 2 et 3. Après chacun d'eux, demandez à quelques élèves de raconter ce qu'ils ont imaginé (voir verso de cette page) et soulignez l'importance d'imaginer (re-voir, re-dire, ré-entendre) dans sa tête.
- Avant de commencer la lecture du quatrième problème, dites à vos élèves que vous allez leur lire un « vrai problème ». Soulignez-leur que vous aimeriez qu'ils aient le projet de l'imaginer. Après la lecture, demandez à quelques élèves de raconter ce qu'ils ont imaginé.

1. Une corde mesure 1 mètre de long à 1 heure. Quelle sera sa longueur à 4 heures ?

Pour certains élèves « branchés sur le paramètre 2 », vous devrez peut-être présenter l'une des modifications suivantes pour qu'ils évoquent la situation :

- Une corde mesure cette longueur le matin. (Délimitez une longueur avec vos mains.) Combien mesurera-t-elle en fin d'après-midi ? (Le fait d'enlever les nombres (P2) permet à certains élèves de s'ouvrir à la représentation de la situation (P1)).
- Un poteau mesure 1 mètre. Combien mesurera-t-il en fin d'après-midi ? (Pour rire un peu avec vos élèves, présentez-leur de nombreux objets inanimés et demandez-leur s'ils peuvent les faire « pousser ».)
- Tes cheveux mesurent 15 centimètres de long à 1 heure. Quelle sera leur longueur à 4 heures ? (Parfois, vous n'avez qu'à suggérer aux élèves de s'imaginer vivre le problème (P4, première personne) pour susciter l'intuition de sens.)

2. Un briqueleur prend 4 jours pour faire la façade d'une maison. Un collègue prend 8 jours pour faire le même travail. Si le propriétaire de la maison engage les 2 briqueleurs et qu'ils travaillent ensemble, combien prendront-ils de jours pour terminer la façade de la maison ?

Si les réponses des élèves dépassent 4 jours, demandez-leur pourquoi le propriétaire payerait 2 salaires pour un travail qui peut se faire en 4 jours en payant 1 seule personne.

3. Un serpent qui n'a pas de patte n'est pas attaché avec une corde. Un canard qui a 2 pattes est attaché avec 2 cordes. Une tortue qui a 4 pattes est attachée avec 4 cordes. Combien de pattes aura un chien attaché avec 6 cordes ?

Vous aurez à préciser aux élèves qui imaginent un chien rose à 6 pattes et 3 queues qu'ils doivent imaginer la « réalité ».

4. Catherine veut tricoter des pantoufles à ses animaux en peluche. Elle a 2 tigres, 1 zèbre, 3 girafes. Combien va-t-elle tricoter de pantoufles ?

Profitez du dialogue pédagogique pour mettre en évidence les différents types d'évocations (visuelles, auto-visuelles, auditives, auto-auditives) et dites aux élèves que c'est à partir de leurs représentations qu'ils peuvent résoudre leur problème. Laissez-leur du temps pour le faire.

Activité 2 : L'éveil à l'évocation

Cette activité stimule la mise en place des évocations. Elle incite les élèves à se représenter leurs problèmes. Les enfants découvrent avec vous que personne n'a les mêmes représentations mentales, peu importe que le problème lu soit le même pour tous.

Pour cette deuxième activité, choisissez un problème qui vous semble facile. Ainsi, vous éviterez de faire surgir les émotions paralysantes qui sont malheureusement très fréquentes en mathématique.

- Informez les élèves que vous allez leur lire l'énoncé d'un problème et demandez-leur de prendre une position confortable (dos bien droit, bien assis...).
- Suscitez le geste d'attention (voir L'ancrage de la position d'écoute, pages 51 et 52) :

  Je vais te lire l'énoncé du problème, et toi, tu l'écoutes avec le projet de l'imaginer dans ta tête. Certains d'entre vous « imaginent » en faisant des images dans leur tête, d'autres se parlent, ou entendent ma voix ou une voix dans leur tête. Quand la lecture sera terminée, nous allons raconter comment nous avons imaginé l'histoire.
- Rassurez les élèves en précisant qu'ils n'ont pas besoin de tout imaginer à la première lecture, et que vous allez relire le problème aussi souvent qu'ils en éprouveront le besoin pour constituer leurs évocations.
- Lisez lentement, avec des arrêts, pour laisser des temps d'évocation. Habituellement, trois ou quatre lectures suffisent. Assurez-vous que tous les élèves ont eu suffisamment de temps pour évoquer (la levée de main est un moyen rapide de s'en assurer).
- Demandez aux enfants de décrire comment ça s'est passé dans leur tête quand vous avez fait la lecture de l'énoncé (voir Le dialogue pédagogique, page 13) : *Qui aimerait nous dire ce qui s'est passé dans sa tête quand j'ai lu l'énoncé du problème ?*

Profitez de ce dialogue pour mettre en évidence les différents types d'évocations (visuelles, auto-visuelles, auditives, auto-auditives). Les élèves ont pu entendre leur propre voix, la voix de l'enseignant, une voix inconnue, voir des situations, des images fixes, des images en mouvement, des chiffres, des opérations, etc. Il n'y a pas de mauvaise façon d'évoquer !

Si c'est la première fois que vous faites ce genre d'activité, les enfants ne seront peut-être pas motivés à « imaginer ». Ils avaient leur projet habituel qui, pour certains, les menait directement à l'échec. Si ces élèves éprouvent des difficultés, essayez de découvrir les raisons de leur réticence. Est-ce de la méfiance ? de l'insécurité ? des émotions paralysantes ? un déficit de l'attention ? (Voir Les pistes de réflexion, pages 37 à 44.)

Activité 3 : La lecture d'un problème sans nombre

Il est possible que certains élèves, à la suite des deux premières activités, développent l'habitude de se représenter la situation, mais qu'ils se recentrent trop rapidement sur ce qu'ils croient important, c'est-à-dire les nombres. Cette habitude « très scolaire » est ancrée chez beaucoup d'enfants en difficulté (elle démontre souvent une grande insécurité et un désir de conformité).

L'activité suivante déjoue cette habitude. Vous pourrez l'utiliser chaque fois qu'un élève semblera incapable d'évoquer la situation décrite dans un problème.

- Choisissez un problème mathématique. Avant d'en commencer la lecture, dites à vos élèves que vous allez leur lire un problème et que vous aimeriez qu'ils aient le projet de l'imaginer dans leur tête.
- Demandez aux élèves de déposer leur crayon et de prendre une position d'écoute.

La lecture du problème sans nombre

- Lisez le problème en omettant les nombres (vous vous assurez ainsi que les enfants vont évoquer la situation). Lisez lentement, avec des arrêts, pour laisser des temps d'évocation. Habituellement, deux lectures suffisent.
- Questionnez les enfants, demandez-leur de décrire comment ça s'est passé dans leur tête quand vous avez lu le problème. Si leur description est évasive, posez des questions pour les aider à préciser leurs évocations.

La lecture du problème avec les nombres

- Lisez à nouveau le problème en lisant aussi les nombres. Encore une fois, lisez lentement, avec des arrêts, pour laisser des temps d'évocation. Habituellement, deux ou trois lectures suffisent.
- Demandez aux enfants de dessiner ou d'écrire ce qu'ils ont imaginé dans leur tête et de résoudre le problème.

Activité 4 : La traduction des évocations en opérations

Les élèves éprouvent souvent de la difficulté à traduire leurs évocations en opérations mathématiques. Certains d'entre eux n'évoquent pas la situation ou ne perçoivent pas les mouvements présents dans la situation. Comme l'implexe moteur (évocation des mouvements) permet de déduire l'opération appropriée, ces élèves peuvent dessiner leurs représentations ou trouver la bonne réponse, mais ils ne peuvent poser l'opération mathématique. Par l'observation de leurs évocations – images en mouvement ou description des mouvements par des mots – les élèves prennent conscience que celles-ci peuvent se traduire en opérations (cette activité peut se faire lorsque les élèves sont capables d'introspection).

L'activité suivante est une sensibilisation ; vous pourrez la faire évoluer selon vos besoins et ceux de vos élèves.

- Choisissez vos problèmes ou utilisez ceux suggérés au verso de cette page. Vous pouvez diminuer ou augmenter les nombres pour les ajuster au niveau d'apprentissage de vos élèves. Cependant, il est important de permettre à tous de réussir. Assurez-vous que les problèmes sont faciles à résoudre.
- Avant de commencer la lecture, dites à vos élèves que vous allez leur lire des problèmes et que vous aimeriez qu'ils aient le projet de les imaginer dans leur tête. Expliquez-leur que cette activité les aidera à pallier certaines de leurs difficultés, comme choisir l'opération qui permet de résoudre les problèmes.

Premier problème : l'évocation de l'addition

- Demandez aux élèves de prendre une position d'écoute. Lisez lentement, avec des arrêts, pour laisser des temps d'évocation. Pendant la lecture du problème, mimez les mouvements d'ajout en verbalisant. Par la suite, demandez à quelques élèves de décrire ce qu'ils ont imaginé en mimant eux aussi les mouvements d'ajout.
- Expliquez-leur que chaque fois qu'ils évoqueront ces mouvements dans leur tête, l'opération associée sera l'addition. Faites la résolution du problème au tableau.

Procédez de la même façon pour les trois autres problèmes.

Deuxième problème : l'évocation de la multiplication

- Mimez les mouvements d'ajout en verbalisant. Dites aux élèves qu'en ajoutant la même quantité plusieurs fois, il est plus court d'utiliser la multiplication.

Troisième problème : l'évocation de la soustraction

- Mimez les mouvements de retrait en verbalisant.

Quatrième problème : l'évocation de la division

- Mimez les mouvements de partage en verbalisant. Dites aux élèves qu'en enlevant la même quantité plusieurs fois, il est plus court d'utiliser la division.

L'évocation de l'addition

1. Marie-Pier a 25 timbres dans son album. Son parrain lui envoie 12 timbres. Sa mère lui en donne 24.

   Combien a-t-elle de timbres maintenant ?

L'évocation de la multiplication

2. Marie-Pier a 6 timbres dans son album. Son parrain lui envoie 6 timbres. Sa mère lui en donne 6.

   Combien a-t-elle de timbres maintenant ?

L'évocation de la soustraction

3. Lucille avait 40 macarons. Elle en a donné 12 à son amie Francesca et 4 à sa sœur Danielle.

   Combien lui reste-t-il de macarons ?

L'évocation de la division

4. Luc a 36 macarons. Il les donne à 4 de ses amis. Ils ont tous reçu la même quantité de macarons.

   Combien ont-ils reçu de macarons chacun ?

Les activités 5, 6 et 7 sont progressives : il est préférable de les expérimenter selon l'ordre proposé.

Les observations faites en classe nous ont permis de constater que beaucoup d'élèves performants procèdent comme suit :

- À la première lecture, ils évoquent la situation : ils se décrivent le déroulement de l'énoncé ou voient l'histoire se dérouler comme un film (paramètre 1).

- À la deuxième lecture, ils font des analogies avec des situations qu'ils connaissent (paramètre 3) et souvent deviennent acteurs (paramètre 4). Ils ont l'impression que les chiffres se superposent dans leur description ou sur leurs images (paramètre 2), mais l'évocation des nombres demeure imprécise.

- À la troisième lecture, l'évocation des scènes et des nombres se précise et prend une forme plus schématisée (paramètres 1, 2, 3 et 4). L'intuition de sens naît. Le geste de réflexion s'enclenche : l'aller-retour se fait entre l'évocation de l'énoncé, sa représentation schématisée, les analogies avec des situations vécues et l'évocation de la question. Le projet de répondre à la question est toujours présent. En général, les enfants deviennent fébriles, leurs yeux pétillent (intuition de sens), et ils réclament d'écrire ou de dessiner le résultat de leur réflexion.

L'activité 7 s'inspire de la théorie de la gestion mentale qui propose de suggérer aux élèves en difficulté la procédure mentale utilisée par les élèves plus performants.

Activité 5 : La précision et la construction de liens entre les évoqués

Cette activité permet aux élèves de préciser leurs évocations et de faire des liens entre elles. Elle prépare à l'activité suivante : l'organisation spatiale et temporelle d'un problème.

- Demandez aux élèves de prendre la position d'écoute. Cette proposition est très importante, car elle prépare l'élève à effectuer « le geste mental d'attention » qui est la clé de démarrage du fonctionnement mental.
- Avant de commencer la lecture, dites à vos élèves que vous allez leur lire un problème et que vous aimeriez qu'ils aient le projet de l'imaginer dans leur tête. Rassurez-les en précisant qu'ils n'ont pas besoin de tout imaginer à la première lecture, puisqu'il y en aura deux : la première, pour qu'ils se donnent une idée générale du problème ; et la seconde, pour qu'ils complètent et précisent leurs évocations.
- Lisez lentement, avec des temps d'arrêt. Assurez-vous de donner aux élèves suffisamment de temps pour évoquer ; la levée de main est un moyen rapide de s'en assurer.

  Après la première lecture, demandez aux élèves de décrire ce qui s'est passé dans leur tête quand ils ont écouté la lecture du problème.

  À la deuxième lecture, procédez de la même façon, mais en insistant pour qu'ils décrivent de quelle façon (comment) et pour quelle raison (pourquoi) les images ou les mots se sont précisés dans leur tête.

  Par l'explication de ces « comment » et de ces « pourquoi », les élèves prennent conscience des liens qui se construisent entre les évoqués.
- Demandez aux enfants de dessiner ou d'écrire ce qu'ils ont imaginé dans leur tête pour résoudre le problème. Assurez-vous que les élèves ajoutent des mots et des nombres sur leur représentation du problème. Idéalement, celle-ci devrait être suffisamment claire pour qu'ils puissent l'expliquer sans avoir à relire l'énoncé ou la question.

Cette activité est particulièrement intéressante pour faire comprendre aux élèves que la relecture d'un problème, ou de certaines parties de celui-ci, s'avère souvent nécessaire pour que sa représentation soit précise.

Activité 6 : L'organisation spatiale et temporelle d'un problème

Certains élèves évoquent bien leur problème, mais ils oublient ou ne savent pas comment organiser ces évocations afin d'en faciliter la compréhension. De plus, certains d'entre eux ont de la difficulté à retenir les différents éléments du problème assez longtemps pour le résoudre. Cette activité permet :

- d'organiser les évocations dans un cadre spatial et temporel, ce qui facilite la compréhension et la mémorisation du problème ;
- de concrétiser les liens et les relations entre les éléments importants du problème.

- Avant de commencer la lecture, dites aux élèves que vous aimeriez qu'ils aient le projet d'imaginer le problème dans leur tête.
- Demandez aux élèves de prendre une position d'écoute.
- Avant la lecture du problème, vous pouvez dessiner quelques espaces au tableau. Ensuite, lisez lentement l'énoncé et la question en faisant des arrêts après chaque bout de phrase contenant des renseignements et pointez de la main un espace. Après une nouvelle information, pointez l'espace suivant. Si un lien peut se faire entre deux parties d'énoncé, pointez ces deux espaces (avec un mouvement d'aller-retour) en insistant de la voix pour bien marquer ce lien.

- Assurez-vous que les élèves ont eu suffisamment de temps pour évoquer, puis demandez-leur de tracer sur papier des espaces, d'y dessiner et d'y écrire ce qu'ils ont imaginé dans leur tête pour résoudre le problème.
- Pendant la réalisation de la tâche, vous aurez à observer leur copie, à les interroger et à diriger au besoin leurs évocations.

Activité 7 : La direction des évocations dans les quatre paramètres

Certains élèves privilégient les évocations d'un paramètre en particulier, et ce, au détriment des autres. Cette activité permet de développer la mobilité des évocations (voir L'exemple d'évocations dans les différents paramètres, page 50).

- Choisissez un problème mathématique. Demandez aux élèves d'écouter le problème en se laissant guider par les trois projets que vous allez leur proposer.
- Demandez aux élèves de déposer leur crayon et de prendre une position d'écoute. Faites trois lectures du problème en orientant les élèves vers un projet d'évocation différent à chacune des lectures.

  Première lecture : Suggérez aux enfants le projet de voir, d'entendre ou de se raconter l'histoire dans leur tête. Lisez l'énoncé en omettant les nombres (vous vous assurez ainsi que les élèves évoqueront bien la situation), car en situation de résolution de problèmes, plusieurs d'entre eux cherchent à agir sans évoquer l'énoncé.

  Deuxième lecture : Suggérez aux enfants le projet de voir, d'entendre ou de se raconter l'histoire dans leur tête tout en imaginant une situation semblable qu'ils connaissent ; ils peuvent aussi s'imaginer acteurs dans le problème (paramètres 3 et 4). Lisez l'énoncé en omettant les nombres.

  Comme pour l'activité précédente, vous pouvez dessiner quelques espaces au tableau. Ensuite, lisez l'énoncé en faisant des arrêts après chaque bout de phrase pouvant contenir des renseignements et pointez de la main un espace. Après une nouvelle information, pointez l'espace suivant. Si un lien peut se faire entre deux parties d'énoncé, pointez ces deux espaces (avec un mouvement d'aller-retour) en insistant de la voix pour bien marquer ce lien.

  Troisième lecture (incluant les nombres) : Suggérez aux enfants le projet de voir, d'entendre ou de se raconter l'histoire dans leur tête tout en ajoutant les nombres, soit en les « collant » sur leurs images, soit en répétant les nombres et les objets qui y sont associés (paramètres 1, 2, 3 et 4).

- Après chaque lecture, si vous le pensez utile, vous pouvez demander aux élèves de vous raconter ce qui s'est passé dans leur tête.

Activité 8 : La lecture d'un problème sans question

En résolution de problèmes, beaucoup d'élèves omettent d'évoquer la question ou ils l'anticipent et y répondent sans vérifier si c'est bien celle-là qui a été posée. L'activité suivante s'avère particulièrement amusante. Elle vous fera réaliser à quel point cette habitude est ancrée chez de nombreux enfants.

- Choisissez un problème mathématique. Avant de commencer la lecture de l'énoncé (vous ne lisez pas la question), dites à vos élèves que vous allez leur lire un problème et que vous aimeriez qu'ils aient le projet de l'imaginer dans leur tête.
- Demandez aux élèves de déposer leur crayon et de prendre une position d'écoute.
- Lisez lentement, avec des arrêts, pour laisser des temps d'évocation. Habituellement, trois ou quatre lectures suffisent.
- Demandez aux enfants de dessiner ou d'écrire ce qu'ils ont imaginé dans leur tête. Si certains élèves vous demandent quelle est la question, répondez que vous ne posez pas de question, vous désirez seulement voir sur leur feuille ce qu'ils ont imaginé dans leur tête.
- Lorsqu'ils auront terminé, observez leur copie. Un grand nombre d'entre eux auront posé des opérations et écrit une réponse. Demandez-leur de trouver la question qu'ils avaient en tête et de l'écrire.
- Demandez aux autres élèves (ceux qui ont simplement traduit sur papier leurs évocations) de poser une question en lien avec l'énoncé et d'y répondre.
- Passez au jeu des questions[2] : à tour de rôle, les élèves lisent leurs questions au groupe et les enfants y répondent après un temps d'évocation.

L'activité cesse quand toutes les questions sont épuisées. Il y en a habituellement cinq ou six différentes. En général, les élèves sont surpris par cette quantité. Cette prise de conscience suffit pour que plusieurs d'entre eux évitent de commettre à nouveau l'erreur d'anticiper une question sans faire de vérification.

Cela démontre de façon éloquente l'importance de la mise en garde suivante : « N'oublie pas de bien lire ta question ! » Après une activité comme celle-ci, faites un petit clin d'œil à l'enfant fautif en lui demandant : « As-tu répondu à la question qui était dans ta tête ou à celle posée ? » L'enfant se recentrera alors sur le projet de répondre à la question posée.

2. Toutes les questions sont acceptées même si la réponse se trouve dans l'énoncé.

Nous vous présentons ci-dessous la représentation d'une élève de huit ans (troisième année).

Pour la fête de Valérie, les élèves de la classe préparent une salade de fruits. Luc a apporté 18 pommes. Dans son sac, il y a 3 pommes rouges et les autres sont vertes.

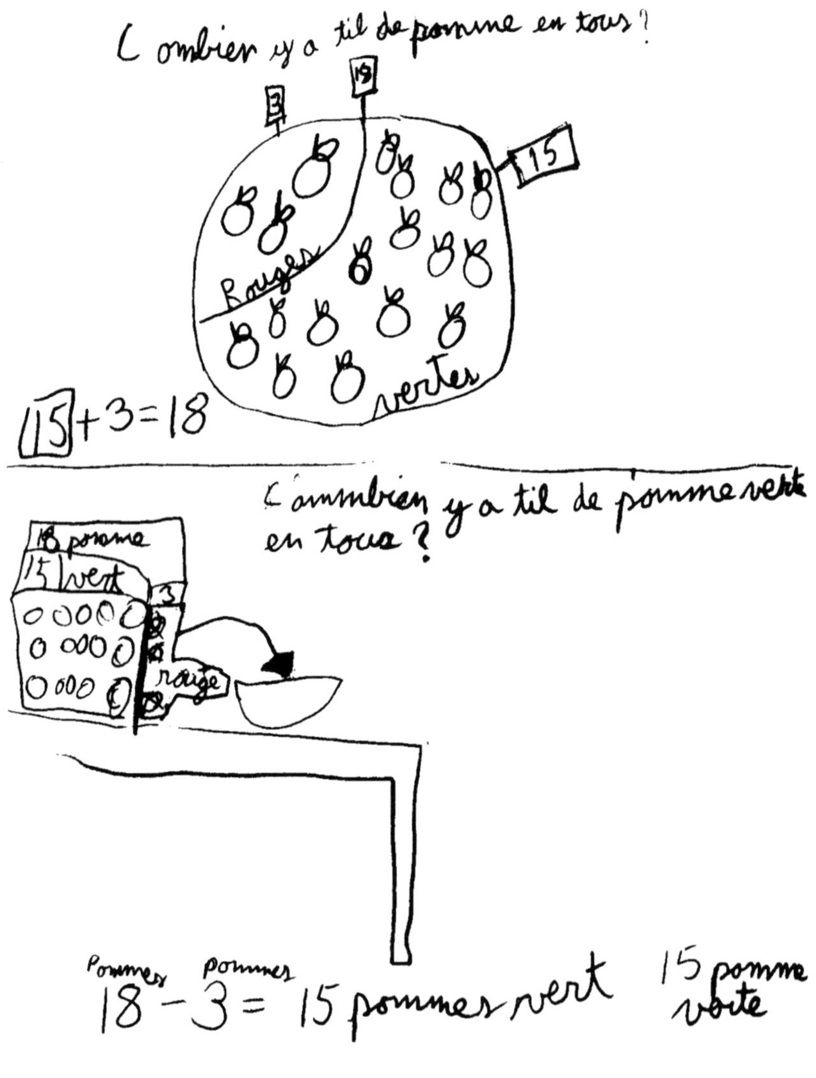

Activité 9 : La réponse à la question avant la lecture de l'énoncé

Cette activité développe sensiblement les mêmes habiletés que la précédente. Elle met l'accent sur une finalité qui est de répondre à une question. Connaître la finalité avant de lire un énoncé peut faciliter le travail de plusieurs enfants. Privilégiez cette activité si les énoncés des problèmes sont particulièrement longs ou si vos élèves ont des difficultés de lecture.

- Choisissez un problème mathématique. Avant de commencer, dites à vos élèves que vous allez leur poser une question et que vous aimeriez qu'ils aient le projet d'y répondre même si ça leur semble impossible. Présentez cette activité comme un jeu : il est peu probable que la réponse soit exacte puisque l'énoncé n'a pas été lu, mais chacun peut faire une estimation, l'écrire et la comparer aux autres pour trouver la plus juste.
- Après l'évocation de la question, l'estimation de la réponse et l'écriture de celle-ci (réponse complète : nombres et mots), procédez à la lecture de l'énoncé.
- Demandez aux élèves de déposer leur crayon et de prendre une position d'écoute.
- Lisez l'énoncé lentement, avec des arrêts, pour laisser des temps d'évocation. Habituellement, trois ou quatre lectures suffisent.
- Après la lecture d'un problème contenant beaucoup de renseignements, il est préférable de l'écrire au tableau ou d'en remettre une copie aux élèves. Assurez-vous que les élèves évoquent le problème (l'absence du problème écrit, lors de la lecture de celui-ci, incite l'élève à s'en faire une représentation mentale).
- Demandez aux enfants de dessiner ou d'écrire ce qu'ils ont imaginé dans leur tête. En tout temps, vous pouvez répondre à leurs questions. Certains d'entre eux auront oublié un nombre, un nom, etc.
- Lorsqu'ils ont terminé, demandez aux enfants de décrire comment ça s'est passé dans leur tête. Est-ce que la lecture de la question avant celle de l'énoncé a facilité leur travail ? Si oui, de quelle façon ?

Leurs réponses peuvent ressembler à ceci : « Je savais quoi faire », « Je savais où aller », « Je savais que la réponse serait des... », « C'est plus facile quand je sais avant où je vais », « J'ai lu moins souvent le problème ». Proposez à ces élèves de prendre l'habitude d'utiliser cette procédure mentale, et ce, chaque fois qu'ils auront à répondre à des questions (compréhension de lecture, sciences, et autres).

Voici la réponse anticipée d'un élève de neuf ans (troisième année) :

un chandail à manches longues et une chemise

> Maman veut profiter des spéciaux d'après les fêtes. Elle voit un chandail à 13 $, une jupe à 15 $ et un pantalon à 20 $. Elle a seulement 33 $ dans son portefeuille. Elle veut acheter 2 articles (vêtements) sans dépenser tout son argent.
>
> Quels articles (vêtements) maman va-t-elle acheter ?

Nous vous présentons ci-dessous le dessin de cet élève.

R: un chandail à manche longue
une chemise

R: la jupe et le chandail.

Activité 10 : La représentation schématisée

Certains élèves ont de la difficulté à se détacher de la représentation concrète de la situation (P1). Vous aurez à les guider pour que cette représentation prenne une forme plus mathématique. « Les mathématiques s'appuient sur un langage particulier exprimant des relations et des structures. Ce langage fait appel à des symboles... Il faut donc apprendre à charger de sens des symboles, des mots, des représentations.[3] »

L'activité suivante aide au passage des évocations de paramètre 1 vers des représentations plus schématisées.

- Choisissez un problème mathématique. La première fois que vous faites cette activité, vous pouvez seulement lire l'énoncé (sans poser de question).
- Avant de commencer la lecture, dites à vos élèves que vous allez leur lire l'énoncé d'un problème et que vous aimeriez qu'ils aient le projet de l'imaginer dans leur tête.
- Demandez aux élèves de déposer leur crayon et de prendre une position d'écoute.
- Lisez lentement, avec des arrêts, pour laisser des temps d'évocation. Habituellement, trois ou quatre lectures suffisent.
- Demandez aux enfants de dessiner ou d'écrire ce qu'ils ont imaginé dans leur tête. Précisez que leur dessin n'a pas à être beau. Ils ont le droit de transformer, de s'imaginer dans le problème et d'utiliser des symboles comme des carrés, des cercles, des flèches, des nombres, des mots ou groupes de mots, des regroupements de dizaines, etc. Si vous mettez suffisamment d'enthousiasme pour susciter leur créativité (P4), plusieurs d'entre eux auront plus facilement accès à cette représentation modifiée (ils s'en donneront le droit).

Lorsque la majorité des élèves a terminé, observez leur copie. Ceux qui n'ont pas terminé ont probablement conservé le projet de faire de beaux dessins ou ils ont de la difficulté à schématiser.

Poursuivez cette activité en demandant aux élèves de présenter leur « schéma » aux autres élèves de la classe (voir page suivante).

3. Taurisson, Alain. *Pensée mathématique et Gestion mentale,* Éditions Bayard,1993.

- Choisissez quelques élèves qui ont atteint, sur leur copie, le niveau de représentation que vous souhaitiez et demandez-leur de reproduire leur dessin au tableau tout en l'expliquant. Il est très important d'inciter l'élève à mettre des mots sur ses représentations (l'accompagnateur reformule, redit dans des mots très près de ceux des élèves, tout en utilisant les bons termes mathématiques).
- Demandez aux enfants spectateurs de choisir la représentation avec laquelle ils sont le plus à l'aise et d'expliquer pourquoi ils la préfèrent. Si vous aimez faire travailler vos élèves en équipe, vous pourrez avoir des indications pour cela. Vous avez avantage à placer ensemble deux élèves qui sont sur le même canal de communication.
- Sensibilisez les enfants au fait qu'ils peuvent tous avoir de bonnes idées dans la tête et qu'il est parfois avantageux d'utiliser celles qui leur conviennent le mieux. Ce partage fait progresser.

Vous pourriez afficher dans la classe certaines schématisations inventées par les élèves.

Karine a 17 billes : 8 sont rouges, 3 sont vertes et les autres sont bleues.

Nous vous présentons ci-dessous une représentation schématisée d'une élève de huit ans (troisième année).

Les pistes de réflexion

Vous comprenez mal la gestion mentale de certains de vos élèves ? Voici quelques observations qui pourront enrichir vos réflexions et peut-être vous mettre sur la piste d'une solution pour pallier certaines difficultés éprouvées par ces derniers.

Les évocations incomplètes ou fugitives

Certains élèves ont de la difficulté à évoquer ; ils perçoivent et agissent. Ceux qui souffrent d'un déficit de l'attention (avec ou sans hyperactivité) font souvent partie de ce nombre. Plusieurs d'entre eux veulent faire l'économie de la représentation mentale. Certains, par manque de confiance, sont assaillis par des émotions paralysantes. D'autres souffrent d'une trop grande impulsivité : ce sont des enfants « perception-action » (voir Le blocage de l'imagination, page 42).

L'apprentissage de l'évocation n'est pas facile pour ces élèves. Le plus souvent, vous aurez à les rencontrer individuellement et, à l'aide du dialogue pédagogique, découvrir leurs procédures mentales et les amener à en prendre conscience.

L'activité suivante est particulièrement indiquée pour aider ces élèves.

- Lisez le problème phrase par phrase. Après chacune d'elles, dessinez une représentation ou présentez-en deux : l'une bonne, l'autre erronée. Par la suite, demandez à l'élève d'expliquer la différence qu'il voit entre les deux images et de choisir celle qui correspond à l'énoncé.

Explique ce que tu vois dans l'image A et dans l'image B.
Laquelle de ces deux images représente le mieux la phrase : « Julie a 13 bonbons de plus » ?

Caroline a 18 bonbons. Julie a 13 bonbons de plus.

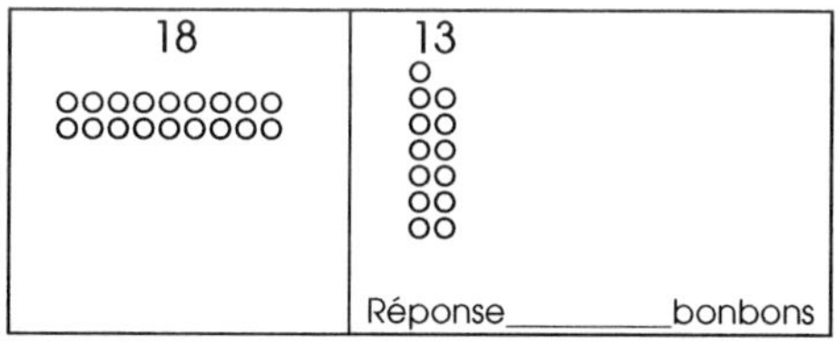

A

Caroline a 18 bonbons. Julie a 13 bonbons de plus.

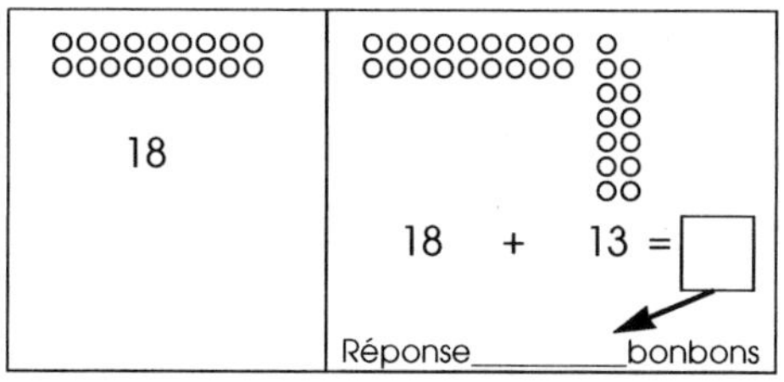

B

- Ensuite, faites la lecture d'un problème semblable en demandant aux élèves de l'imaginer (la représentation suggérée précédemment facilite l'évocation).

Vous pouvez aussi utiliser cette façon de faire avec les élèves qui gèrent mieux les différences (ils expliquent la différence entre les deux représentations et ce qui n'est pas conforme à l'énoncé).

Les obstacles à l'évocation

– Faire beaucoup et vite !

L'enseignement est en partie responsable de l'absence d'évocation chez certains élèves. Dès la première année, ils doivent résoudre plusieurs problèmes dans un court laps de temps. Les élèves ont pris l'habitude de la production rapide : vite fait, vite corrigé et l'on passe à autre chose ! Ainsi, ils courent peu de risques de faire une erreur puisqu'en première et en deuxième années, ils apprennent l'addition et la soustraction. La réussite étant presque assurée, pourquoi se ralentir ? Finir le premier est tellement valorisant et puis, si l'enseignante ou l'enseignant a épuisé ses feuilles d'exercices, l'élève pourra s'occuper à faire des choses qui lui plaisent.

Toutes les activités suggérées dans ce cahier soulignent l'importance que l'accompagnateur accorde à l'évocation.

– La terminologie utilisée

Un deuxième obstacle à l'évocation réside dans le langage utilisé dans les manuels scolaires. Comment l'élève peut-il évoquer s'il ne comprend pas la signification des mots ? Cela nécessite un véritable travail de traduction. Plus il y a de mots inconnus, plus la difficulté de compréhension (d'évocation) est grande. Pour évoquer le problème, l'élève doit lire chaque phrase, s'en faire une représentation mentale et s'assurer de sa compréhension en questionnant l'accompagnateur qui ne peut pas toujours lui répondre. Ce travail est particulièrement laborieux ! L'élève se décourage rapidement et laisse de côté les mots qu'il ne peut évoquer. Cette situation entraîne l'absence de représentation ou une représentation partielle ou erronée du problème.

Dans les problèmes que vous présenterez aux élèves, vous aurez à vous assurer de l'accessibilité du langage. Pour vérifier la compréhension de ces derniers, il suffit de leur demander d'exprimer ce qu'ils ont évoqué.

L'élève ne peut faire le geste de réflexion. Cette situation ne fait pas partie de son expérience de consommateur (acquis).

– Les problèmes que les élèves ne peuvent se représenter

Le geste de réflexion est nécessaire pour l'accomplissement d'une tâche de résolution de problèmes. A. de La Garanderie définit ce geste comme étant la confrontation entre les acquis et la nouvelle perception. Cet aller-retour fait jaillir l'intuition de sens.

Avant de présenter un problème aux élèves, vous aurez à vous assurer qu'ils ont une connaissance suffisante de la situation énoncée.

L'exemple suivant illustre une situation fréquente.

Les élèves de la classe de Paul veulent acheter des radios. Le coût de 10 radios est de 429,95 \$. Le coût à l'unité est de 45,95 \$. Combien vont-ils économiser s'ils achètent les 10 radios ?

Si vous questionnez vos élèves sur leurs habitudes d'achat, vous constaterez que la très grande majorité n'ont jamais fait l'expérience de l'achat de plusieurs objets pour en réduire le prix à l'unité. Vous vous acharnerez en vain à leur en expliquer le fonctionnement. Comme ils ne peuvent se référer à cette expérience de consommation, la situation ne fait aucun sens pour eux. Ils n'auront qu'un seul projet en tête : se débarrasser de ce problème qu'ils ne peuvent se représenter.

La manipulation, oui, mais ne pas oublier l'évocation !

Manipulation — *Évocation verbale* — *Évocation visuelle*

Dans le geste de compréhension, deux structures de projet de sens se mettent en évidence : l'application et l'explication. Beaucoup d'activités mathématiques sont précédées de manipulations, ce qui permet, en quelque sorte, « d'appliquer » ce qui a été ou sera « expliqué » par la suite. Mais attention, vous devrez absolument demander aux élèves de se redonner mentalement ce qu'ils ont dit, vu et fait pendant cette manipulation. Par la suite, lorsque vous leur demanderez d'expliquer, ils auront une représentation verbale ou en images des mouvements exécutés. Sur ces représentations se construisent leur compréhension et leur réflexion.

La prise en compte des paramètres d'évocation

L'élève évoque les nombres : évocation de paramètre 2.

L'enseignante pense qu'il évoque la situation : évocation de paramètre 1.

Lorsque vous intervenez avec un élève, vous vous ditez parfois : « Comment est-ce possible qu'il ne comprenne pas ? Après la lecture et l'évocation de cette phrase, l'intuition de sens devrait surgir ! » Lorsque vous ferez cette réflexion, interrogez l'élève pour savoir dans quel paramètre il se trouve. Le plus souvent, il voit ou se dit les nombres dans sa tête (paramètre 2) alors qu'il devrait évoquer la situation (paramètre1).

Les activités 1, 3 et 7 sont particulièrement indiquées pour aider ces élèves.

La prise en compte des habitudes évocatives de chacun

L'auditif ou le verbal se fait une représentation séquentielle pour se diriger vers une représentation globale ; celles-ci s'organisent dans le temps. Il se raconte la suite des événements ou les transformations associées aux problèmes.

Le visuel se donne d'abord une représentation globale pour se diriger vers une représentation plus détaillée de chacun des éléments ; celles-ci s'organisent dans l'espace. Il structure de façon spatiale les données du problème.

Comme la présentation suggérée dans l'activité 6 tient compte des habitudes évocatives de l'élève, cette manière de procéder devrait permettre :

- aux visuels, de partager en séquences tout en passant par leur gestion habituelle (la gestion de l'espace) ;

- aux auditifs, de visualiser la finalité tout en passant par leur gestion habituelle (la gestion du temps).

Lorsque vous constaterez chez les élèves des signes de difficultés à évoquer, vous n'aurez qu'à faire quelques mouvements d'aller-retour en pointant un tableau pour que, chez plusieurs, l'intuition de sens naisse dans leurs yeux.

Aux examens, vous pouvez tracer des espaces sur la feuille et indiquer aux élèves qu'ils peuvent s'en servir pour y représenter ce qu'ils ont imaginé dans leur tête (mots, images, schémas, etc.).

Paul a 5 macarons. Julie en a 2 fois plus que Paul. Eric en a autant que Julie et Paul. Combien ont-ils de macarons ensemble ?

Le blocage de l'imagination

– Les émotions paralysantes

Certains élèves ne s'accordent pas le droit de faire des transformations pour mieux saisir le sens des problèmes à résoudre. Ils deviennent prisonniers du contenu littéral de l'énoncé et dès qu'ils doivent poser des opérations, ils paniquent et paralysent.

– Les émotions précipitantes

D'autres ont un sentiment d'inconfort et parfois même de panique parce qu'ils envisagent la tâche comme un défi trop grand. Ils se précipitent alors dans l'action ; ils expédient la tâche pour dépasser ce sentiment de malaise.

D'autres encore, en entendant ou en voyant un mot ou un groupe de mots qu'ils reconnaissent, sont stimulés, voire excités par cette évocation spontanée de sens, cette intuition de connaissance. Ces élèves se sentiront propulsés dans l'action avant même d'avoir tous les renseignements nécessaires pour mener à bien l'activité.

Pour aider ces élèves, invitez-les à s'impliquer, à s'imaginer dans le texte en tant qu'observateur ou en tant qu'acteur. Cette proposition a souvent pour effet de les sécuriser ; elle présente la situation comme plus accessible puisque l'accompagnateur leur donne l'autorisation de s'impliquer, d'agir, de transformer. En procédant ainsi, l'accompagnateur fait la promotion de l'initiative (l'imagination).

La promotion de l'imagination

Les élèves qui ne s'accordent pas le droit de faire des transformations sont parfois très performants lorsqu'ils ont à reproduire (opérations), mais deviennent anxieux dès qu'ils doivent produire (résolutions). Pour résoudre un problème, tous les gestes mentaux sont requis ; certains élèves refusent de donner libre cours à leur imagination.

Vous aurez donc à sécuriser les élèves et à stimuler leur imagination en créant un climat de confiance dans la classe.

- Pendant le dialogue pédagogique, vous ne devriez porter aucun jugement défavorable sur les représentations des élèves. Vous ne réprimez aucune évocation. Vous pouvez questionner les élèves afin de les aider à clarifier leurs évocations et, au besoin, les diriger vers les différents paramètres.

- Vous devriez proposer plutôt qu'imposer : « Tu sembles perdu dans ton problème. Penses-tu que ça pourrait t'aider à te retrouver si tu prenais l'habitude de numéroter ou d'écrire des mots à côté de tes dessins ou de tes opérations ? »

- Une approche rigide, trop répétitive ou contraignante n'est pas compatible avec l'implication et la créativité demandées aux élèves.

- Si l'accompagnateur crée un ancrage (lieu, posture), le message implicite « laissez votre imagination faire son œuvre » passera plus facilement. Lorsque l'accompagnateur se place à un endroit déterminé, toujours le même, avec une attitude ouverte et composante, les élèves comprennent le message : ils ont le droit de laisser libre cours à leur imagination.

Le rappel d'éléments à prendre en compte

Pour mieux intervenir auprès des élèves, il est important :

- d'avoir en tête les étapes d'une pédagogie de la gestion mentale (voir Guide général, page 14) ;
- de suggérer plus d'une proposition pédagogique (préférablement dans les deux modes d'évocation) afin que l'élève puisse choisir celle qui lui convient ;
- de promouvoir et de valoriser l'initiative ;
- d'être attentif et ouvert aux différences individuelles, et de vous rappeler que certains élèves comprennent davantage par similitude et d'autres par différence ;
- de varier les présentations d'une nouvelle notion, car, contrairement à certaines idées véhiculées, ce n'est pas parce qu'un élève évoque visuellement qu'il faut toujours lui présenter la tâche sous forme visuelle, et vice versa. Parfois, en présentant une notion dans un registre différent, l'effort de traduction fait émerger l'intuition de sens chez l'élève ;
- de prendre en compte les propos de chaque élève même s'ils semblent parfois farfelus. Par la reformulation (voir Le dialogue pédagogique, page 13), vous pouvez amener l'élève à clarifier ses évocations afin d'en dégager le sens. Toutes les représentations mentales ont leur sens et leur importance.

En cas de difficulté, vous aurez à vérifier si l'élève s'est donné les bons projets, c'est-à-dire :

- celui de se représenter les données du problème (visuellement, auditivement ou verbalement) afin de les traiter (projet d'attention) ;
- celui de conserver cette expression mentale du problème pour réaliser la tâche qui suit (projet de mémorisation) ;
- celui d'évoquer la question pour la mettre en lien avec l'évocation de l'énoncé du problème afin de trouver une solution appropriée (projet de compréhension) ;
- celui de faire des liens entre ce qu'il évoque à partir de l'énoncé du problème et ce qu'il connaît sur le sujet (déjà en évocation) afin de lui donner sens (projet de réflexion) ;
- celui de s'investir et de se construire une représentation personnelle du problème (projet d'imagination).

Annexes

Les problèmes de l'activité 1

Nom : ______________________________

1. Une corde mesure 1 mètre de long à 1 heure. Quelle sera sa longueur à 4 heures ?

2. Un briqueleur prend 4 jours pour faire la façade d'une maison. Un collègue prend 8 jours pour faire le même travail. Si le propriétaire de la maison engage les 2 briqueleurs et qu'ils travaillent ensemble, combien prendront-ils de jours pour terminer la façade de la maison ?

3. Un serpent qui n'a pas de patte n'est pas attaché avec une corde. Un canard qui a 2 pattes est attaché avec 2 cordes. Une tortue qui a 4 pattes est attachée avec 4 cordes. Combien de pattes aura un chien attaché avec 6 cordes ?

4. <u>À faire avec ton enseignante ou ton enseignant</u>. Catherine veut tricoter des pantoufles à ses animaux en peluche. Elle a 2 tigres, 1 zèbre, 3 girafes. Combien va-t-elle tricoter de pantoufles ?

Le modèle d'une situation de résolution de problèmes

(Activité 8 : La lecture d'un problème sans question)

La mise en projet

Annoncez aux élèves qu'ils auront à résoudre quelques problèmes.

- Nous allons d'abord faire revenir les connaissances dont nous allons avoir besoin pour résoudre nos problèmes (mise en projet du geste de réflexion). Ensuite, je vais lire quelques problèmes que nous allons résoudre ensemble.

La réactivation des connaissances antérieures

Situez les élèves dans le temps et l'espace où a été vécu l'apprentissage.

- Vous vous souvenez, hier, que nous avons travaillé les fractions... J'avais dessiné au tableau... Je vous avais expliqué que... Prenez un peu de temps pour faire revenir dans votre tête ce que vous avez appris (temps d'évocation).
- Qui aimerait nous dire ce qu'il a vu, entendu ou dit dans sa tête (dialogue pédagogique) ?

La présentation du projet

Invitez à l'évocation avant même de présenter visuellement et auditivement la leçon.

- Déposez vos crayons et prenez une position d'écoute.

Lisez l'énoncé.

- Au printemps, j'ai planté des fleurs dans mon parterre. J'ai acheté 24 caissettes de fleurs. Le tiers des fleurs sont bleues, la moitié sont rouges et 1/6 sont jaunes.

Par la suite, procédez comme suggéré dans l'activité 8 (voir La lecture d'un problème sans question, page 31, quatrième paragraphe).

La réalisation de la tâche

Observez la copie des élèves, interrogez-les, dirigez au besoin leurs évocations et réactivez leurs connaissances.

Dirigez-les vers une prise de conscience de la procédure mentale qu'ils utilisent.

La réactivation

Mettez les élèves en projet de faire revenir souvent dans leur tête les nouvelles acquisitions, tout en imaginant la situation où ils auront à réutiliser ces connaissances. Annoncez la prochaine activité ou le prochain examen pour qu'ils aient une représentation d'un avenir où ils auront à utiliser ces connaissances et procédures mentales.

Le modèle d'une situation de transfert de connaissances

La mise en projet

Annoncez aux élèves qu'ils étudieront les divisions.

- Nous allons d'abord faire revenir dans notre tête ce que nous connaissons des divisions (mise en projet du geste de réflexion). Ensuite, nous allons faire des exercices et chercher des situations où les divisions peuvent être utiles.

La réactivation des connaissances antérieures

Situez les élèves dans le temps et l'espace où a été vécu l'apprentissage.

- Vous vous souvenez hier, nous avons travaillé les divisions... J'avais dessiné au tableau... Je vous ai expliqué que... Prenez un peu de temps pour faire revenir dans votre tête ce que vous avez appris (temps d'évocation).
- Qui aimerait nous dire ce qu'il a vu, entendu ou dit dans sa tête (dialogue pédagogique) ?

La présentation du projet

Invitez à l'évocation avant de présenter visuellement et auditivement la leçon.

- Les connaissances que vous avez de la division et de la manière dont vous procédez dans votre tête pour diviser peuvent se transférer dans d'autres situations... Imaginez que vous avez 47 mots de vocabulaire à étudier cette semaine. Qu'allez-vous faire pour les répartir de façon égale ? Qu'allez-vous faire du reste ?

Ensuite, présentez la liste de 47 mots.

- Cherchez d'autres situations, scolaires ou dans la vie courante, où les divisions peuvent être utiles.

La réalisation de la tâche

Donnez aux élèves une tâche à réaliser et observez leur copie, interrogez-les, dirigez au besoin leurs évocations et réactivez leurs connaissances.

Dirigez-les vers une prise de conscience de la procédure mentale qu'ils utilisent.

La réactivation

Proposez aux élèves d'avoir le projet de faire revenir souvent dans leur tête les nouvelles acquisitions et de continuer à chercher d'autres situations où ils doivent diviser. Annoncez la prochaine activité ou le prochain examen pour qu'ils aient une représentation d'un avenir où ils auront à utiliser ces connaissances et procédures mentales.

L'exemple d'évocations dans les différents paramètres

L'élève ne suit pas nécessairement l'ordre présenté. Il peut avoir besoin de passer par un P4 pour accéder au P1. Toutes les combinaisons sont possibles.

> Pour la fête de Valérie, les élèves de la classe préparent une salade de fruits. Luc a apporté 18 pommes. Dans son sac, il y a 3 pommes rouges et les autres sont vertes.

Paramètre 1

Le verbal ré-entend l'histoire (sa voix).
L'auditif la ré-entend (voix de celle ou celui qui raconte).
Le visuel re-voit la situation (telle que perçue).
L'auto-visuel la re-voit (à sa manière).

Paramètre 2

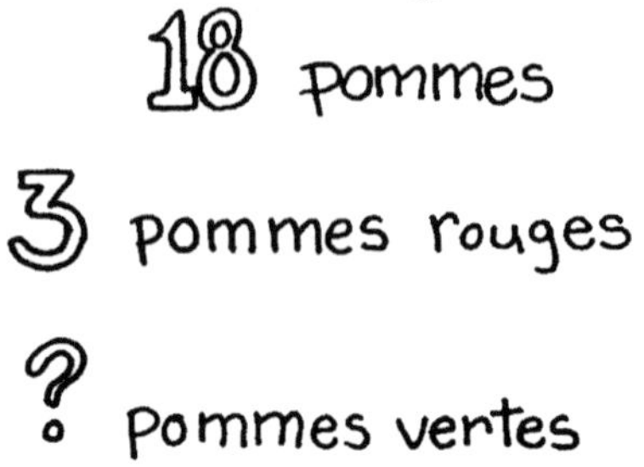

Le verbal ré-entend les nombres et les mots (sa voix).
L'auditif les ré-entend (voix de celle ou celui qui raconte).
Le visuel les re-voit (tels que perçus).
L'auto-visuel les re-voit (son écriture).

Paramètre 3

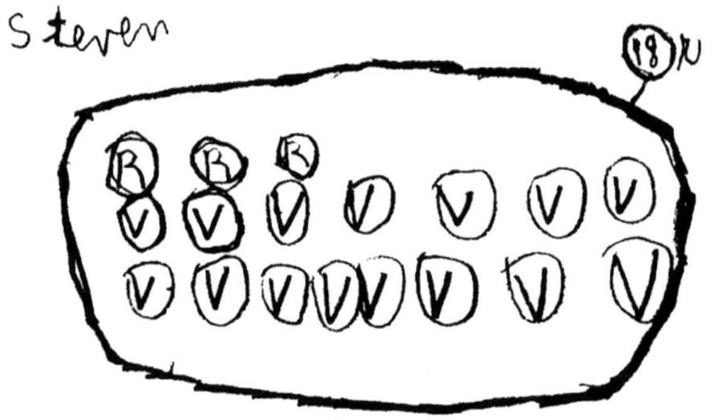

Cette évocation se traduit souvent par une représentation des relations.
Le verbal ré-entend les explications des relations (sa voix).
L'auditif les ré-entend (voix de celle ou celui qui raconte).
Le visuel les re-voit (telles que perçues).
L'auto-visuel les re-voit (à sa manière).

Paramètre 4

Le verbal, l'auditif et le visuel peuvent :

- faire appel à des situations vécues ;
- s'imaginer en train de vivre le problème ;
- transformer le problème pour mieux le comprendre (changer certains éléments, diminuer les nombres, etc.).

Après l'évocation dominante (visuelle, auditive ou verbale), l'élève peut avoir un prolongement vers d'autres modes d'évocation (une évocation visuelle peut être suivie d'une évocation auditive).

L'ancrage de la position d'écoute

Nous vous suggérons ici une combinaison de deux approches : la gestion mentale et la programmation neuro-linguistique (PNL).

Gestion mentale : le geste d'attention

- Le geste d'attention peut se définir comme étant la transformation en évocations de ce qui est perçu avec les cinq sens. C'est une action d'encodage. Lorsque l'élève est attentif, il a le projet de regarder ou d'écouter pour re-voir, re-dire ou ré-entendre dans sa tête.

Programmation neuro-linguistique : l'ancrage

- Une ancre est un stimulus externe qui réactive chez l'élève une expérience passée (le geste d'attention). Après avoir expérimenté à quelques reprises l'activité 2, vous pourrez procéder à un ancrage. Vous n'aurez qu'à vous positionner au même endroit dans la classe et dire la consigne d'écoute pour susciter le geste d'attention chez les élèves. En créant ce rituel, vous éviterez de répéter les consignes qui décrivent le geste d'attention.

Après la consigne « Prends une position d'écoute », les élèves font le geste d'attention.

L'ancrage spatial

– Choisissez dans votre classe un endroit où vous direz la consigne d'écoute. Ce lieu ancré renforce l'efficacité du message verbal.

Ancre verbale

– Lorsque vous dites aux élèves de prendre la position d'écoute, gardez les mêmes caractéristiques de voix : ton, volume, timbre, débit, et utilisez cette consigne chaque fois que vous voulez susciter le geste d'attention. Prenez note toutefois que cet ancrage est en général très efficace. Ne l'utilisez surtout pas pour discipliner les élèves !

Si vous voulez le silence, utilisez plutôt une affiche sur laquelle vous aurez écrit ou symbolisé par un dessin le comportement désiré.

Présentez l'affiche après avoir produit un son ou éteint les lumières.

À notre connaissance, cette combinaison de la gestion mentale et de la PNL présentée comme ancrage d'un geste mental n'est pas suggérée dans la littérature. Nous espérons qu'elle est conforme à l'approche de la PNL.

J'exprime mentalement un problème

Dans cet espace, j'écris ou je colle un problème.

Je représente le problème comme je l'ai vu, entendu ou dit dans ma tête.

Énoncé	Question	Opérations
Je dessine ce que j'ai vu. J'écris ce que j'ai dit ou entendu (croquis, schéma, mots importants, nombres, phrases, etc.).	Je dessine ou j'écris ce que je cherche (croquis, schéma, mots importants, nombres, phrases, etc.).	J'imagine dans ma tête les opérations que je vais faire. Je fais mes opérations.

Intuition de sens

Fiches de l'enseignant

L'utilisation de la fiche de l'élève

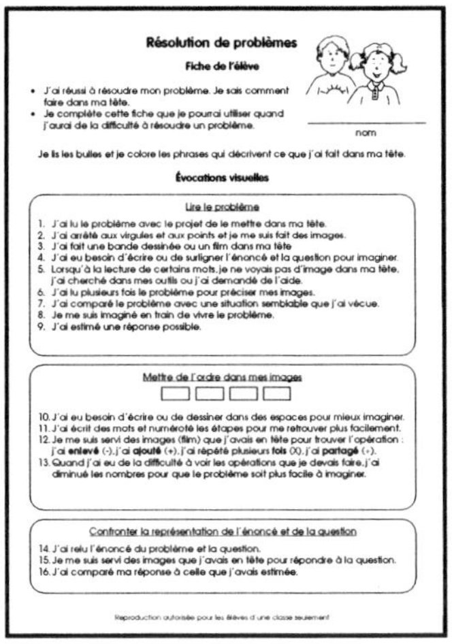

Résolution de problèmes

Fiche de l'élève

- J'ai réussi à résoudre mon problème. Je sais comment faire dans ma tête.
- Je complète cette fiche que je pourrai utiliser quand j'aurai de la difficulté à résoudre un problème.

nom

Je lis les bulles et je colore les phrases qui décrivent ce que j'ai fait dans ma tête.

Évocations visuelles

Lire le problème

1. J'ai lu le problème avec le projet de le mettre dans ma tête.
2. J'ai arrêté aux virgules et aux points et je me suis fait des images.
3. J'ai fait une bande dessinée ou un film dans ma tête
4. J'ai eu besoin d'écrire ou de surligner l'énoncé et la question pour imaginer.
5. Lorsqu'à la lecture de certains mots, je ne voyais pas d'image dans ma tête, j'ai cherché dans mes outils ou j'ai demandé de l'aide.
6. J'ai lu plusieurs fois le problème pour préciser mes images.
7. J'ai comparé le problème avec une situation semblable que j'ai vécue.
8. Je me suis imaginé en train de vivre le problème.
9. J'ai estimé une réponse possible.

Mettre de l'ordre dans mes images

10. J'ai eu besoin d'écrire ou de dessiner dans des espaces pour mieux imaginer.
11. J'ai écrit des mots et numéroté les étapes pour me retrouver plus facilement.
12. Je me suis servi des images (film) que j'avais en tête pour trouver l'opération : j'ai **enlevé** (-), j'ai **ajouté** (+), j'ai répété plusieurs **fois** (X), j'ai **partagé** (÷).
13. Quand j'ai eu de la difficulté à voir les opérations que je devais faire, j'ai diminué les nombres pour que le problème soit plus facile à imaginer.

Confronter la représentation de l'énoncé et de la question

14. J'ai relu l'énoncé du problème et la question.
15. Je me suis servi des images que j'avais en tête pour répondre à la question.
16. J'ai comparé ma réponse à celle que j'avais estimée.

La fiche de l'élève est une feuille de référence que vous pouvez utiliser pour aider les élèves qui éprouvent des difficultés. Cette fiche se remplit en plusieurs étapes après avoir vécu quelques activités d'introspection (observation de son fonctionnement mental).

Lorsque l'élève découvre comment il procède dans sa tête lorsqu'il réussit à résoudre un problème, il prend conscience de la procédure mentale qui lui assure la réussite. Plus l'élève sera conscient des représentations qu'il se donne lorsqu'il résout un problème, plus il aura à sa disposition un ensemble de représentations qu'il pourra utiliser, modifier, transférer dans d'autres problèmes similaires ou plus complexes.

Comment remplir la fiche de l'élève

Idéalement, du moins pour les élèves qui éprouvent des difficultés, cette fiche devrait être remplie individuellement. Si vous ne pouvez le faire, demandez la collaboration des parents. Les fiches adressées à ceux-ci devraient leur permettre d'identifier le mode d'évocation de leur enfant, et l'élève pourra par la suite remplir sa fiche (les réponses obtenues vous permettront de déterminer si l'élève remplit sa fiche du côté des évocations visuelles ou de celui des évocations auditives).

Après avoir identifié le mode d'évocation de l'élève (voir verso de cette fiche), proposez-lui des problèmes faciles à résoudre (utilisez ceux qui décrivent une situation de la vie courante). Lorsque l'enfant réussit à résoudre un problème, questionnez-le sur sa procédure mentale.

Présentez à l'élève sa fiche et demandez-lui de lire chaque encadré. Il peut, avec un surligneur, colorer chaque énoncé qui lui semble vrai. Expliquez-lui que pour résoudre son problème, il n'a pas eu besoin de faire toutes les procédures mentales qui y sont écrites. Il colore seulement ce qu'il a eu besoin de faire. Dans un autre temps, vous lui présenterez d'autres problèmes, plus complexes, et d'autres procédures devront possiblement être colorées.

Cette fiche aura plusieurs fonctions par la suite :

- L'élève pourra la consulter avant de résoudre un problème afin de se donner le projet de se représenter ce problème selon la procédure mentale la plus appropriée pour lui.
- Lorsque l'élève aura de la difficulté à résoudre un problème, il pourra, avec votre assistance, prendre conscience de ses omissions et des procédures mentales qui l'aident à se représenter ses problèmes.

Dans peu de temps, l'élève n'aura plus besoin d'utiliser sa fiche, car il aura intériorisé les procédures mentales.

L'identification du mode d'évocation d'un élève

Pour identifier le mode d'évocation d'un enfant en difficulté, il est préférable de conduire le dialogue pédagogique avec un seul élève.

Lisez à votre élève un court texte qui favorise les représentations mentales (visuelles ou auditives). Ensuite, posez-lui les questions ci-dessous. La procédure mentale qu'il a utilisée pour comprendre sa lecture devrait être présente dans sa tête.

Questions pour connaître le mode d'évocation : visuel, auditif ou verbal

- Rappel de l'histoire : *Parle-moi de ce que j'ai lu.* (histoire rappelée par l'élève)
- *Quand j'ai lu le texte, est-ce que tu voyais des images ? Tu te racontais l'histoire ou tu entendais une voix dans ta tête ?* (réponse de l'élève)

Si le rappel de l'histoire est précis, l'évocation de l'élève est bien construite ; il a donc utilisé son mode d'évocation privilégié. Si le rappel semble confus, demandez-lui de préciser ses images ou son histoire. Vous pouvez aussi lui faire quelques propositions :

- *Est-ce que cette histoire parlait d'un chien ou d'une tortue ? Est-ce que...*

Si l'élève apporte des précisions, son évocation était bien construite ; il a simplement quelques difficultés à raconter. Par contre, s'il demeure imprécis même après votre aide, suggérez-lui d'utiliser l'autre mode d'évocation pendant que vous lui relisez le texte. Après votre lecture, demandez-lui ceci :

- *Est-ce que tu as eu plus de facilité à imaginer l'histoire en utilisant cette « manière de faire mentale » ?* (réponse de l'élève)
- Rappel de l'histoire : *Parle-moi de ce que j'ai lu.* (histoire rappelée par l'élève)

Si ce rappel est précis, le mode d'évocation privilégié est probablement celui que vous lui avez suggéré.

Pour confirmer votre évaluation, demandez à l'élève, le lendemain, de faire revenir le texte ou l'histoire dans sa tête. S'il vous répond qu'il ne s'en souvient plus, suggérez-lui de prendre le temps de faire revenir ses images ou ses mots dans sa tête. Après qu'il aura raconté l'histoire, demandez-lui ceci :

- *Quand tu as fait revenir l'histoire dans ta tête, est-ce que ce sont les mots ou les images qui t'ont permis de te rappeler l'histoire ?* (réponse de l'élève)

Souvent, dans la réactivation d'une expérience vécue, l'élève devient plus conscient de sa procédure mentale.

Comment aider un élève en difficulté

Utilisez cette fiche lorsqu'un élève a de la difficulté à se représenter un problème.

Avant de lui donner le problème à résoudre, mettez-le en projet de se le représenter ainsi que la question.

La lecture du problème

1. Lis le problème en l'imaginant dans ta tête.
   Fais un arrêt à chacun des points et imagine la phrase :
   fais-toi un film dans ta tête (visuel) ou raconte-toi l'histoire dans ta tête (auditif).
   (Les questions que vous avez posées à la page 58 vous permettent de choisir l'une de ces deux propositions.)

La mise en ordre des images et de l'histoire

2. Relis l'énoncé du problème pour que tes images ou ton histoire soient plus précises. (Pour l'aider à mettre de l'ordre dans ce qu'il a imaginé, suggérez-lui de faire des espaces dans lesquels il place ses images, ses mots...)

Graphique spatiotemporel ☐ ☐ ☐ ☐

La confrontation des représentations de l'énoncé et de la question

3. Relis la question et imagine une réponse possible. Écris cette réponse.

4. Relis une autre fois ton problème en regardant ton plan. Réponds à la question. Compare avec la réponse que tu as estimée. (Vous aurez parfois à soutenir la réflexion de l'élève, à l'aider à faire la confrontation entre sa question et son évocation du problème.)

Rappel de quelques stratégies

Consultez les pages 21 à 36 pour les activités complètes.

- Demandez à l'élève de faire semblant qu'il est un personnage de l'histoire.
- Lisez d'abord la question, puis demandez à l'élève d'imaginer une réponse aléatoire. Une fois le problème représenté et résolu, demandez-lui de vérifier si son estimation était proche de la réponse.
- Faites régulièrement des dialogues pédagogiques avec vos élèves. Les représentations des uns peuvent être très utiles aux autres.

La collaboration des parents est souvent nécessaire pour les élèves qui éprouvent des difficultés. Nous vous suggérons de cibler celles-ci et de remettre les activités appropriées aux parents.

Fiches des parents

Pourquoi votre enfant a des difficultés à résoudre des problèmes

L'enfant éprouvant des difficultés à résoudre ses problèmes mathématiques a souvent développé de très mauvaises habitudes mentales.

La lecture de l'énoncé du problème

- Il est un peu trop pressé de passer à l'action et n'évoque que partiellement l'énoncé.
- Il a une idée globale de l'histoire et omet de la mettre en séquences (ou l'inverse).
- Il peut aussi très bien se représenter l'énoncé du problème (voir ou raconter l'histoire dans sa tête), mais laisse de côté cette représentation lorsqu'il écrit ses opérations. Cela constitue une mauvaise habitude, car, par ces représentations de l'action (mouvements d'ajout, de répétition, de retrait, de partage), votre enfant pourrait traduire en opérations (+ - x ÷).

La lecture de la question

- Il oublie de lire ou d'évoquer la question.
- Pendant la lecture de l'énoncé du problème, il anticipe une question et ne retourne pas vérifier celle posée (il répond à la question qu'il avait en tête).
- Il ne met pas en lien la question et l'énoncé du problème (votre enfant a en tête la représentation de la question et du problème, mais il ne fait pas la confrontation entre les deux).

Les fiches présentées dans les pages suivantes devraient vous permettre de pallier certaines des difficultés de votre enfant.

- La première fiche vous permettra de connaître son mode d'évocation.
- La deuxième fiche vous renseignera sur l'utilisation de la fiche de l'élève et sur la manière de la remplir.
- La troisième fiche vous renseignera sur la manière de procéder pour aider votre enfant. Vous pourrez l'utiliser chaque fois que votre enfant aura de la difficulté à résoudre un problème.

L'identification du mode d'évocation de votre enfant

Utilisez cette fiche pour identifier le mode d'évocation de votre enfant. Par la suite, vous pourrez remplir sa fiche avec lui.

Lisez à votre enfant un court texte qui favorise les représentations mentales (visuelles ou auditives). Ensuite, posez-lui les questions ci-dessous. La procédure mentale qu'il a utilisée pour comprendre sa lecture devrait être présente dans sa tête.

Questions pour connaître le mode d'évocation : visuel, auditif ou verbal

- Rappel de l'histoire : *Parle-moi de ce que j'ai lu.* (histoire rappelée par l'enfant)
- *Quand j'ai lu le texte, est-ce que tu voyais des images ? Tu te racontais l'histoire ou tu entendais une voix dans ta tête ?* (réponse de l'enfant)

Si le rappel de l'histoire est précis, l'évocation de l'enfant est bien construite ; il a donc utilisé son mode d'évocation privilégié. Si le rappel semble confus, demandez-lui de préciser ses images ou son histoire. Vous pouvez aussi lui faire quelques propositions :

- *Est-ce que cette histoire parlait d'un chien ou d'une tortue ? Est-ce que...*

Si l'enfant apporte des précisions, son évocation était bien construite ; il a simplement quelques difficultés à raconter. Par contre, s'il demeure imprécis même après votre aide, suggérez-lui d'utiliser l'autre mode d'évocation pendant que vous lui relisez le texte. Après votre lecture, demandez-lui ceci :

- *Est-ce que tu as eu plus de facilité à imaginer l'histoire en utilisant cette « manière de faire mentale » ?* (réponse de l'enfant)
- Rappel de l'histoire : *Parle-moi de ce que j'ai lu.* (histoire rappelée par l'enfant)

Si ce rappel est précis, le mode d'évocation privilégié est probablement celui que vous lui avez suggéré.

Pour confirmer votre évaluation, demandez à votre enfant, le lendemain, de faire revenir le texte ou l'histoire dans sa tête (souvent, dans la réactivation d'une expérience vécue, l'enfant devient plus conscient de sa procédure mentale). S'il vous répond qu'il ne s'en souvient plus, suggérez-lui de prendre le temps de faire revenir ses images ou ses mots dans sa tête. Après qu'il aura raconté l'histoire, demandez-lui ceci :

- *Quand tu as fait revenir l'histoire dans ta tête, est-ce que ce sont les mots ou les images qui t'ont permis de te rappeler l'histoire ?* (réponse de l'enfant)

Les réponses obtenues vous permettront de déterminer si votre enfant remplit sa fiche du côté des évocations visuelles ou de celui des évocations auditives.

L'utilisation de la fiche de l'élève

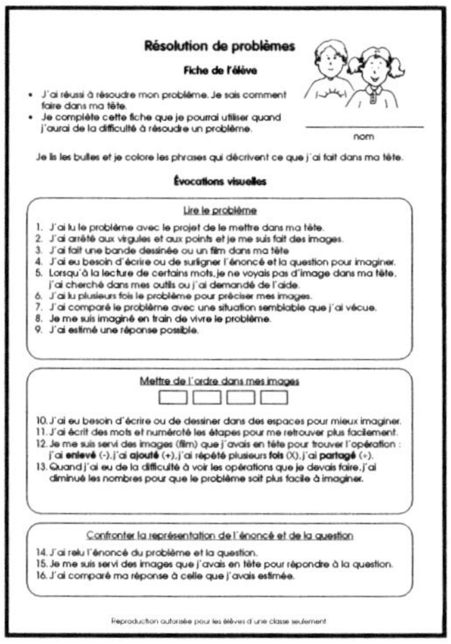

Résolution de problèmes

Fiche de l'élève

- J'ai réussi à résoudre mon problème. Je sais comment faire dans ma tête.
- Je complète cette fiche que je pourrai utiliser quand j'aurai de la difficulté à résoudre un problème.

nom

Je lis les bulles et je colore les phrases qui décrivent ce que j'ai fait dans ma tête.

Évocations visuelles

Lire le problème

1. J'ai lu le problème avec le projet de le mettre dans ma tête.
2. J'ai arrêté aux virgules et aux points et je me suis fait des images.
3. J'ai fait une bande dessinée ou un film dans ma tête
4. J'ai eu besoin d'écrire ou de surligner l'énoncé et la question pour imaginer.
5. Lorsqu'à la lecture de certains mots, je ne voyais pas d'image dans ma tête, j'ai cherché dans mes outils ou j'ai demandé de l'aide.
6. J'ai lu plusieurs fois le problème pour préciser mes images.
7. J'ai comparé le problème avec une situation semblable que j'ai vécue.
8. Je me suis imaginé en train de vivre le problème.
9. J'ai estimé une réponse possible.

Mettre de l'ordre dans mes images

10. J'ai eu besoin d'écrire ou de dessiner dans des espaces pour mieux imaginer.
11. J'ai écrit des mots et numéroté les étapes pour me retrouver plus facilement.
12. Je me suis servi des images (film) que j'avais en tête pour trouver l'opération : j'ai **enlevé** (-), j'ai **ajouté** (+), j'ai répété plusieurs **fois** (X), j'ai **partagé** (÷).
13. Quand j'ai eu de la difficulté à voir les opérations que je devais faire, j'ai diminué les nombres pour que le problème soit plus facile à imaginer.

Confronter la représentation de l'énoncé et de la question

14. J'ai relu l'énoncé du problème et la question.
15. Je me suis servi des images que j'avais en tête pour répondre à la question.
16. J'ai comparé ma réponse à celle que j'avais estimée.

Après avoir identifié le mode d'évocation de votre enfant, présentez-lui sa fiche du côté approprié (évocations visuelles ou évocations auditives).

Lorsqu'un enfant découvre comment il procède dans sa tête quand il réussit à résoudre un problème, il prend conscience de la procédure mentale qui lui assure la réussite. Plus l'enfant sera conscient des représentations qu'il se donne lorsqu'il résout un problème, plus il aura à sa disposition un ensemble de représentations qu'il pourra utiliser, modifier, transférer dans d'autres problèmes similaires ou plus complexes.

La fiche de l'élève aura plusieurs fonctions :

- Votre enfant pourra la consulter avant de résoudre un problème afin de se donner le projet de se représenter ce problème selon la procédure mentale la plus appropriée pour lui.
- Lorsque votre enfant aura de la difficulté à résoudre un problème, il pourra chercher d'autres procédures mentales proposées dans la fiche pour l'aider.
- Grâce aux procédures numérotées, vous pourrez plus facilement indiquer à votre enfant les étapes qu'il a oubliées. Il sera ainsi plus en mesure de prendre conscience de ses « omissions » et des procédures mentales qui l'aident à se représenter ses problèmes.

Dans peu de temps, votre enfant n'aura plus besoin d'utiliser sa fiche, car il aura intériorisé les procédures mentales.

Comment remplir la fiche de votre enfant

- Proposez-lui des problèmes faciles à résoudre (utilisez ceux qui décrivent une situation de la vie courante).
- Lorsqu'il réussit à résoudre un problème, questionnez-le sur la procédure mentale qu'il a utilisée.
- Présentez-lui sa fiche et demandez-lui de lire chaque encadré. Il peut, avec un surligneur, colorer chaque énoncé qui lui semble vrai. Expliquez-lui que pour résoudre son problème, il n'a pas eu besoin de faire toutes les procédures mentales qui y sont écrites. Il colore seulement ce qu'il a eu besoin de faire.
- Dans un autre temps, vous lui présenterez de nouveaux problèmes et d'autres procédures devront possiblement être colorées.

Comment aider votre enfant

Utilisez cette fiche lorsque votre enfant a de la difficulté à se représenter un problème.

Avant de lui donner le problème à résoudre, mettez-le en projet de se le représenter ainsi que la question.

La lecture du problème

1. Lis le problème en l'imaginant dans ta tête.
   Fais un arrêt à chacun des points et imagine la phrase :
   fais-toi un film dans ta tête (visuel) ou raconte-toi l'histoire dans ta tête (auditif).
   (Les questions que vous avez posées à la page 64, vous permettent de choisir l'une de ces deux propositions.)

La mise en ordre des images et de l'histoire

2. Relis l'énoncé du problème pour que tes images ou ton histoire soient plus précises. (Pour l'aider à mettre de l'ordre dans ce qu'il a imaginé, suggérez-lui de faire des espaces dans lesquels il place ses images, ses mots...)

Grahique spatiotemporel | | | | |

La confrontation des représentations de l'énoncé et de la question

3. Relis la question et imagine une réponse possible. Écris cette réponse.

4. Relis une autre fois ton problème en regardant ton plan. Réponds à la question. Compare avec la réponse que tu as estimée. (Vous aurez parfois à soutenir la réflexion de votre enfant, à l'aider à faire la confrontation entre sa question et son évocation du problème.)

Les stratégies pour rendre les problèmes plus intéressants et faciles

- Votre enfant peut jouer à faire semblant qu'il est un personnage dans l'histoire. (Cette simulation a l'avantage d'aider plusieurs élèves à trouver les opérations : j'ai enlevé, donc je dois soustraire ; j'ai ajouté, donc je dois additionner, etc.)

- Comparez les images visuelles ou auditives que vous avez dans votre tête à celles de votre enfant, de sa sœur, de son frère, etc.

- Demandez à votre enfant de lire la question avant l'énoncé et d'imaginer une réponse aléatoire. Une fois le problème représenté et résolu, demandez-lui de vérifier si son estimation était proche de la réponse anticipée.

- Lisez deux fois le problème en omettant les nombres (à la troisième lecture, lisez les nombres). Cette façon de procéder stimule la représentation de l'énoncé, « l'histoire qui est dans le problème ».

Fiche de l'élève

Résolution de problèmes

- J'ai réussi à résoudre mon problème. Je sais comment faire dans ma tête.
- Je remplis cette fiche que je pourrai utiliser quand j'aurai de la difficulté à résoudre un problème.

____
Nom

Je lis les bulles et je colore les phrases qui décrivent ce que j'ai fait dans ma tête.

Les évocations visuelles

La lecture du problème

1. J'ai lu le problème avec le projet de le mettre dans ma tête.
2. J'ai arrêté aux virgules et aux points et je me suis fait des images.
3. J'ai fait une bande dessinée ou un film dans ma tête.
4. J'ai eu besoin d'écrire ou de surligner l'énoncé et la question pour imaginer.
5. À la lecture de certains mots, lorsque je ne voyais pas d'image dans ma tête, j'ai cherché dans mes outils ou j'ai demandé de l'aide.
6. J'ai lu plusieurs fois le problème pour m'expliquer et préciser mes images.
7. J'ai comparé le problème avec une situation semblable que j'ai vécue.
8. Je me suis imaginé en train de vivre le problème.
9. J'ai estimé une réponse possible.

La mise en ordre des images

☐ ☐ ☐ ☐

10. J'ai tracé des espaces, dessiné ou fait un schéma, écrit des mots et numéroté les étapes pour me retrouver plus facilement.
11. J'ai enlevé les données superflues pour imaginer celles dont j'avais besoin.
12. Je me suis servi des images que j'avais en tête pour trouver l'opération : j'ai **enlevé** (-), j'ai **ajouté** (+), j'ai répété plusieurs **fois** (x), j'ai **partagé** (÷).
13. Quand j'ai eu de la difficulté à voir les opérations que je devais faire, j'ai diminué les nombres pour que le problème soit plus facile à imaginer.

La confrontation des représentations de l'énoncé et de la question

14. J'ai eu besoin de lire la question avant de lire l'énoncé.
15. J'ai relu l'énoncé du problème et la question.
16. Je me suis servi des images que j'avais en tête pour répondre à la question.
17. J'ai comparé ma réponse à celle que j'avais estimée.

Résolution de problèmes

- J'ai réussi à résoudre mon problème. Je sais comment faire dans ma tête.
- Je remplis cette fiche que je pourrai utiliser quand j'aurai de la difficulté à résoudre un problème.

____
Nom

Je lis les bulles et je colore les phrases qui décrivent ce que j'ai fait dans ma tête.

Les évocations auditives

La lecture du problème

1. J'ai lu le problème avec le projet de le mettre dans ma tête.
2. J'ai arrêté aux virgules et aux points et j'ai re-dit l'énoncé dans ma tête.
3. J'ai raconté une histoire dans ma tête en décrivant ce qui se passait : en premier, ensuite, à la fin...
4. J'ai eu besoin d'écrire ou de surligner l'énoncé et la question pour imaginer.
5. À la lecture de certains mots, lorsque je ne pouvais re-dire dans ma tête, j'ai cherché dans mes outils ou j'ai demandé de l'aide.
6. J'ai lu plusieurs fois le problème pour m'expliquer et préciser mon histoire.
7. J'ai comparé le problème avec une situation semblable que j'ai vécue.
8. Je me suis imaginé en train de vivre le problème.
9. J'ai estimé une réponse possible.

La mise en ordre de l'histoire

10. J'ai tracé des espaces, dessiné ou fait un schéma, écrit des mots et numéroté les étapes pour me retrouver plus facilement.
11. J'ai enlevé les données superflues pour imaginer celles dont j'avais besoin.
12. Je me suis servi de l'histoire que j'avais en tête pour trouver l'opération : j'ai **enlevé** (-), j'ai **ajouté** (+), j'ai répété plusieurs **fois** (x), j'ai **partagé** (÷).
13. Quand j'ai eu de la difficulté à m'expliquer les opérations que je devais faire, j'ai diminué les nombres pour que le problème soit plus facile à imaginer.

La confrontation des représentations de l'énoncé et de la question

14. J'ai eu besoin de lire la question avant de lire l'énoncé.
15. J'ai relu l'énoncé du problème et la question.
16. Je me suis servi de l'histoire que j'avais en tête pour répondre à la question.
17. J'ai comparé ma réponse à celle que j'avais estimée.

Problèmes à résoudre

Problèmes pour les élèves du primaire

Première année

1. Cloé a fait un train avec 4 blocs jaunes, 2 blocs bleus et 1 bloc blanc. Combien de blocs a-t-elle utilisés pour construire son train ?

2. Hugues possède 8 cartes de hockey. Son oncle lui donne 5 cartes. Combien a-t-il de cartes maintenant ?

3. Lucille a 6 jetons, Francesca en a autant que Lucille. Combien ont-elles de jetons ensemble ?

4. Le bracelet de Hamida compte 8 perles. Lorsqu'elle a brisé son bracelet, elle a perdu 3 perles. Combien de perles reste-t-il sur le bracelet ?

5. Thalina apporte à l'école 7 biscuits que sa mère a faits. Elle en donne 2 à son amie Karine et elle en mange 1. Combien lui reste-t-il de biscuits ?

6. Marie-Audrey a 8 dollars. Elle achète une poupée qui coûte 5 dollars. Combien lui reste-t-il d'argent ?

7. Line compte 3 collants brillants et 5 collants fluos dans sa collection. Anne a 6 collants dans sa collection. Qui a le plus de collants ?

8. Mélizandre a 12 jetons et Jana en a 8. Combien de jetons Mélizandre a-t-elle de plus que Jana ?

9. Mali et Érica font du ski. Mali fait 6 descentes et Érica en fait 8. Combien Mali a-t-elle fait de descentes de moins qu'Érica ?

10. Dans la cour de récréation, Gillianne joue avec 10 amis. Parmi ses amis, 4 sont des filles. Combien d'amis sont des garçons ?

11. Éric a une boîte contenant 9 crayons. Il a des crayons de cire et 4 crayons de bois. Combien a-t-il de crayons de cire ?

12. Luc avait 6 fraises dans sa coupe de fruits. Il en a mangé et il lui reste maintenant 1 fraise. Combien a-t-il mangé de fraises ?

13. Bruno a 3 sacs. Il place 5 billes dans chaque sac pour les offrir à ses amis. Combien va-t-il offrir de billes en tout ?

14. Maman prépare de bons cornets de crème glacée. Elle met 2 boules de crème glacée sur chaque cornet. Elle prépare 1 cornet pour moi, 1 pour mon frère Teddy et 1 pour papa. Combien a-t-elle fait de boules de crème glacée ?

15. Sébastien et Halli gonflent des ballons pour la fête d'Halloween. Sébastien a gonflé 6 ballons rouges et Halli 3 ballons noirs. Malheureusement, 1 ballon rouge a éclaté. Combien de ballons reste-t-il ?

16. Amanda cueille 10 pissenlits et 2 marguerites pour son professeur. Rendue à l'école, elle enlève un pissenlit qui était fané. Combien de fleurs a-t-elle dans son bouquet lorsqu'elle l'offre à son professeur ?

17. Christopher et Sara cherchent des vers dans le jardin pour leur excursion de pêche. Sara trouve 2 vers et Christopher en trouve 4. En marchant vers le lac, 1 ver est tombé de la chaudière. Combien ont-ils de vers dans la chaudière ?

18. Caroline fabrique un collier de perles. Elle a déjà enfilé 5 perles bleues. Elle ajoute 2 perles jaunes et 3 perles blanches. Combien de perles a-t-elle enfilées pour faire son collier ?

19. Marie construit des tours. Pour chaque tour, elle utilise 10 blocs. Son enseignante lui a donné 18 blocs. Combien de tours a-t-elle pu construire ? Combien a-t-elle utilisé de blocs ? Combien de blocs ne sont pas utilisés ?

20. Paul a 25 petits cubes. Il décide de construire des tours. Pour chaque tour, il utilise 10 cubes. Combien de tours a-t-il pu construire ? Combien a-t-il utilisé de cubes ? Combien de cubes ne sont pas utilisés ?

Deuxième année

1. Dans la cour, il y a 3 chiens, 4 lapins et 2 poules. Combien y a-t-il de pattes d'animaux ?
2. Sur la table, il y a 13 pommes, 12 oranges, 15 verres de jus et 14 prunes. Combien y a-t-il de fruits ?
3. Tu as 30 livres. Tu veux les ranger sur les tablettes de ta bibliothèque. Tu places 10 livres sur la première tablette, 5 livres sur la deuxième et 6 livres sur la troisième. Combien de livres as-tu rangés ? Combien de livres reste-t-il à ranger ?
4. Il y a 5 coureurs pour la finale de la compétition en natation : Stéphanie, Julie, Samuel, Karine et Marco. Julie arrive la première. Samuel et Karine arrivent ensemble. Marco n'est pas le dernier. Qui est arrivé en dernière position ?
5. L'éducatrice à la garderie apporte des fruits pour la collation. Elle met sur la table 12 pommes, 10 bananes et 5 oranges. Combien y a-t-il de fruits sur la table ?
6. Charles a reçu une bande dessinée en cadeau. Il a lu 19 pages hier. Ce matin, il a lu 7 pages. Cet après-midi, il a terminé son album en lisant 5 pages. Combien de pages a la bande dessinée ?
7. Wendy et Élise s'amusent à compter les camions lorsqu'elles vont faire des achats en voiture avec leur maman. Élise a compté 34 camions et Wendy en a compté 47. Combien de camions ont-elles comptés ?
8. Manon achète un crayon qui coûte 10 cents. Elle paie avec une pièce de 25 cents. Combien d'argent le commis lui remettra-t-il ?
9. Le livre de Marsha contient 16 pages. Elle a lu 7 pages. Combien de pages lui reste-t-il à lire ?
10. Sara a échappé le contenant de 1 douzaine d'œufs. Elle constate que 3 œufs se sont brisés. Combien d'œufs n'ont pas été cassés ?
11. À la Saint-Valentin, papa a offert 12 belles fleurs à maman. Dans son bouquet, 8 fleurs sont rouges, les autres sont blanches. Combien y a-t-il de fleurs blanches ?
12. Dans la cour de récréation, il y a 64 élèves. Parmi les élèves, 33 sont des garçons. Combien y a-t-il de filles ?
13. Mali, Vincent et Érica font de la planche à neige. Mali fait 11 descentes, Érica en fait 8 et Vincent en fait 10. Combien Mali a-t-elle fait de descentes de plus qu'Érica ?
14. Marc-Olivier a 28 jetons. Alexandre en a 12. Qui a le plus de jetons ? Combien en a-t-il de plus ?
15. Les amis comptent leur argent pour s'acheter des crayons. Lucia a 25 cents. Monika a autant d'argent que Lucia. Jean-Luc a autant d'argent que Monika. Combien d'argent ont-ils ensemble ?

16. Alain a 50 cents. Manon a 20 cents de moins qu'Alain. Combien d'argent Manon a-t-elle ?

17. Il y a 18 personnes dans un ascenseur. Au deuxième étage, 6 personnes sortent de l'ascenseur et 3 personnes y entrent. Combien de personnes y a-t-il dans l'ascenseur à ce moment-là ?

18. Dans la classe de Manon, les élèves ont lu 67 livres d'aventure et 32 bandes dessinées. Dans la classe de Frédéric, les élèves ont lu 95 livres en tout. Ce sont les élèves de quelle classe qui ont lu le plus de livres cette année ?

19. Marie-Pier construit des tours. Pour chaque tour, elle utilise 10 blocs. Son enseignante lui a donné 58 blocs. Combien de tours a-t-elle pu construire ? Combien de blocs a-t-elle utilisés ? Combien de blocs ne sont pas utilisés ?

20. Jean-François a 65 petits cubes. Il décide de construire des tours. Pour chaque tour, il prend 10 cubes. Combien de tours a-t-il pu construire ? Combien de cubes a-t-il utilisés ? Combien de cubes ne sont pas utilisés ?

Troisième année

1. Claude et Robert ont joué 3 parties de dames. La première partie a duré 15 minutes, la deuxième partie a duré 5 minutes de plus. La troisième partie n'a duré que 10 minutes. Combien de temps ont-ils joué ensemble aux dames ?
2. Frédérique a 64 billes et son frère Samuel en a 15. Nicolas a 2 fois plus de billes que Samuel. Combien de billes Frédérique et Nicolas ont-ils ensemble ?
3. Un pomiculteur transporte des caisses de pommes. Sur sa remorque, il a entassé 142 caisses qu'il apporte à la remise où il avait déjà rangé 359 caisses. Après avoir fait le déchargement, combien y aura-t-il de caisses dans la remise ?
4. À la petite ferme de mon oncle, il y a 2 vaches, 4 cochons, 3 lapins et 2 poules. Combien de pattes peut-on compter ?
5. Marilou a un jeu électronique. Elle a réussi à gagner 363 points au niveau 1 et 279 points au niveau 2. Quel résultat apparaît au total des points pour les 2 niveaux ?
6. Lors de la dernière tempête, le vent a soufflé à 72 km/h. Lorsqu'il atteint 100 km/h, on peut dire que la tempête devient un ouragan. Combien de km/h de plus aurait-il fallu pour que cette tempête soit un ouragan ?
7. Cette année, en décembre, il est tombé 91 mm de neige et en janvier, 78 mm. Combien est-il tombé de mm de moins en janvier ?
8. Les cheveux de Charlène poussent de 3 cm par mois. Si elle ne les coupe pas durant toute une année, de combien de cm auront-ils allongé ?
9. À l'Halloween, ma mère a placé 8 bonbons dans chaque petit sac. Elle a préparé 45 sacs. Combien de bonbons a-t-elle utilisés ?
10. Jean-Pierre a échappé 2 douzaines d'œufs. Parmi ces œufs, une dizaine se sont brisés. Combien d'œufs n'ont pas été cassés ?
11. Martin a lu 2 livres de 130 pages. Paul a lu 3 livres : 1 de 50 pages, 1 autre de 35 pages et le dernier de 120 pages. Combien de pages Paul a-t-il lues ?
12. Ariane veut obtenir la collection complète de livres sur les dinosaures. Elle possède 24 livres d'une collection de 58. Combien de livres doit-elle acheter ?
13. Joanie et Érica possèdent une très belle collection de billes. Joanie a 6 billes rouges, 18 billes rayées et 36 billes vertes. Érica a autant de billes dans sa collection. Combien Érica a-t-elle de billes ?
14. Amélie, Catherine et Isabelle sont allées à la plage chercher des coquillages. Amélie a ramassé 105 coquillages. Catherine en a ramassé autant. Isabelle en a ramassé 10 de moins que Catherine. Combien de coquillages Isabelle a-t-elle ramassés ? Combien de coquillages ont-elles ramassés ensemble ?
15. Dans la cour d'école, il y a présentement 54 élèves. Parmi ces élèves, 25 jouent au ballon, 17 jouent aux billes, les autres jouent dans les modules de jeux. Combien y a-t-il d'élèves dans les modules de jeux ?

16. Jean et Sébastien vont visiter leur tante. Elle habite à 450 kilomètres de leur maison. Combien de kilomètres auront-ils parcourus pour l'aller et le retour ?

17. Pour se rendre à la ville voisine, Mylène doit parcourir 15 kilomètres. Son ami Jacques doit parcourir 22 kilomètres. Combien de kilomètres de plus Jacques doit-il parcourir ?

18. Le père de Jessica a obtenu gratuitement 18 billets pour le cirque. Il propose à Jessica de les partager avec ses amis. Elle donne 2 billets à chacun de ses 6 camarades. Combien lui en reste-t-il ?

19. Ce matin, il y avait 34 élèves dans l'autobus scolaire quand le chauffeur s'est arrêté pour laisser descendre 3 élèves à l'école Gérard-Raymond. En continuant son parcours, il a fait monter 8 élèves. Combien y avait-il d'élèves dans l'autobus à l'arrivée à l'école ?

20. L'infirmière mesure les élèves de la classe de Maxime. Elle note que Maxime est grand, il mesure 1 m 29. Louis-Pierre dit : « Je suis plus grand que lui, je mesure 132 cm. » A-t-il raison ? Explique ta réponse.

Quatrième année

1. Élise se fixe un objectif : faire tous ses travaux en 1 heure. Le premier travail lui demande 18 minutes, le deuxième 27 minutes et le dernier 25 minutes. Est-ce qu'elle a atteint son objectif ?

2. Frédérique a 24 billes et son frère Samuel en a 8 fois plus. Combien de billes Samuel a-t-il ?

3. Le pâtissier fait 25 tartes par semaine. Combien fait-il de tartes par mois et par année ?

4. Marie-Lou accueille les visiteurs à l'entrée du zoo. Samedi, 624 personnes se sont présentées. Dimanche, il y avait 4 centaines de personnes de moins. Le lundi, il y avait 150 visiteurs de plus que le dimanche. Combien de visiteurs ont fait une visite le lundi ?

5. Stéphanie a 800 petits blocs. Pour construire une maison, elle utilise 8 dizaines de blocs rouges, 8 blocs jaunes et 3 centaines de blocs verts. Combien de blocs a-t-elle utilisés pour construire sa maison ? Combien de blocs n'ont pas été utilisés ?

6. Le libraire a reçu 578 livres en début de semaine. Il doit recevoir 2 autres commandes avant la fin de la semaine, l'une de 450 livres et l'autre de 278. Combien de livres aura-t-il à la fin de la semaine ?

7. Jacinthe a reçu 5 000 livres pour l'ouverture de la bibliothèque municipale. Elle a rangé 2 378 livres dans les tablettes. Combien de livres lui reste-t-il à placer ?

8. Très tôt lundi matin, le jardinier était à son kiosque pour vendre 256 laitues, 148 paniers de fraises et 156 piments verts. Quelques heures plus tard, il avait vendu 135 laitues, 112 paniers de fraises et 127 piments. Combien de légumes et de paniers de fruits lui reste-t-il à vendre ?

9. Francesca, Lucille et Danielle achètent du ruban pour décorer leur chapeau. Il ne reste plus que 2 mètres de ruban. Francesca en prend 50 cm, Lucille en a pris 25 cm de plus que Francesca. Danielle en veut autant que Lucille. Est-ce possible ?

10. Jean-Pierre a obtenu 835 points en jouant à son jeu vidéo. Après la première partie, il avait 340 points. Combien de points a-t-il obtenus à la deuxième partie ?

11. Alice range des jetons dans 2 contenants. Elle a 578 jetons. Elle range 250 jetons dans le premier contenant. Combien de jetons va-t-elle mettre dans l'autre contenant ?

12. Joanie, Érica et Ginette possèdent une très belle collection de timbres. Joanie a la moitié du nombre de timbres que possède Érica. Érica a autant de timbres que Ginette. Ginette a 82 timbres. Combien de timbres Joanie a-t-elle ?

13. Dans la cour d'école, il y a présentement 354 élèves. Parmi ces élèves, 125 jouent au ballon, 117 jouent aux billes, les autres jouent dans les modules de jeux. Combien y a-t-il d'élèves dans les modules de jeux ?

14. À la ferme de mon oncle, je me suis amusé à compter les pattes des vaches. J'ai compté 128 pattes. Combien de vaches mon oncle a-t-il ?

15. En récompense pour son travail, Sébastien a reçu un sac de 48 pommes. Il décide d'offrir ses pommes à son frère et à ses amis. Il donne la moitié des pommes à son frère. Ensuite, il partage également le reste des pommes avec 2 de ses amis, Frédéric et Antoine. Combien de pommes Antoine aura-t-il ?

16. Mario doit livrer 48 journaux dans les rues de son quartier. Il a distribué la moitié de ses journaux sur la rue Notre-Dame, le quart sur la rue Du Parc. Combien de journaux lui reste-t-il à livrer ?

17. Jean-Luc aime bien jardiner. Cette année, il a planté 36 plants de tomates, 20 plants de radis et 12 plants de piments. Malheureusement, ses plants ont été endommagés par la grêle. Il a perdu le tiers de ses plants de tomates, le quart de ses plants de radis et la moitié de ses plants de piments. Combien lui reste-t-il de plants de tomates ? de plants de radis ? de plants de piments ?

18. Martin veut acheter des billes. Le magasin Aux beaux jeux annonce 10 billes pour 70 cents. À la librairie du coin, on demande 9 cents pour 1 bille. Où Martin devra-t-il faire son achat pour profiter du meilleur prix ?

19. Mélissa prépare la table pour un banquet. Elle doit placer 48 roses de la façon suivante : 12 roses au centre de la table et le reste partagé aux 4 coins de la table. Combien de roses y aura-t-il à chacun des coins ?

20. Pour confectionner 3 courtepointes, grand-maman utilise 63 pièces triangulaires et 21 pièces carrées. Combien de pièces triangulaires et carrées doit-elle utiliser pour confectionner 5 courtepointes ?

Cinquième année

1. Ton oncle veut s'acheter un chalet près d'un lac. Il a découpé 4 petites annonces dans les journaux. Il aimerait que tu l'aides à calculer la différence de prix entre les chalets.
   Prix des chalets : 1. 36 900 $, 2. 52 500 $, 3. 42 000 $, 4. 39 000 $.

2. Élise veut profiter des soldes (achats sans taxe) pour décorer le salon. Elle ne veut pas dépenser plus de 600 $. Est-ce qu'elle peut acheter tous ces articles ou doit-elle faire un choix ? Si elle doit choisir, fais-lui quelques suggestions.
   Étagère 357 $, table 63 $, poterie 45 $, tableau 139 $

3. Tous les mois, Bernard dépose de l'argent dans son compte à la caisse scolaire. En septembre, le solde de son compte était de 46,25 $. En octobre, il a déposé 2,80 $. En novembre, il a déposé 3,50 $. Au mois de décembre, il a retiré 18,00 $ pour l'achat de ses cadeaux de Noël. Quel est le solde de son compte ?

4. Au mois de janvier, Bernard a déposé 1,60 $ en pièces de 10 cents et 1,25 $ en pièces de 25 cents. Combien de pièces a-t-il déposées ?

5. Frédérique a un sac de 48 billes. Il garde 4 billes et partage également les autres avec son frère Samuel. Combien de billes Samuel et Frédérique ont-ils ?

6. Il y a 28 élèves dans la classe de Julie. Il y a 4 garçons de plus que de filles. Combien y a-t-il de garçons et de filles dans la classe de Julie ?

7. Marie-Lou accueille les visiteurs à l'entrée du zoo du lundi au samedi, de 9 heures à 17 heures. Cette semaine, 200 visiteurs à l'heure se sont présentés aux tourniquets. Combien de visiteurs a-t-elle accueillis cette semaine ?

8. La bibliothécaire a reçu de nouveaux livres. Elle doit ranger 1 250 livres sur les étagères. Il y a 8 étagères disponibles. Chaque étagère compte 4 tablettes qui peuvent contenir 50 livres chacune. Est-ce que la bibliothécaire pourra ranger tous les livres ?

9. Mélissa et Joanie préparent la salle pour un spectacle. Elles doivent placer 785 chaises. Au centre de la salle, elles placent 15 rangées de 40 chaises. Les autres chaises seront placées sur les côtés. Combien de chaises reste-t-il à placer ?

10. Samedi dernier, 8 personnes ont gagné 4 225 $ à la loterie. Pour avoir droit à leur prix, les gagnants devaient aller le chercher en personne. Parmi eux, 3 personnes ne se sont pas présentées. La somme a donc été partagée entre les participants présents. Combien d'argent chaque gagnant a-t-il reçu ?

11. Luc et Stéphanie aiment faire de la randonnée pédestre. Stéphanie a parcouru 13 km et Luc 12 000 m. Qui de nos 2 sportifs a parcouru la plus grande distance ?

12. Pour se tenir en forme, Jean-François fait de la course à pied tous les jours de la semaine. Il parcourt 12 kilomètres par jour. Mercredi, il n'a pu faire que 5 kilomètres parce qu'un violent orage l'a obligé à terminer sa course. Quelle distance a-t-il parcourue cette semaine ?

13. Francesca veut clôturer son jardin. Son jardin mesure 12 m de largeur sur 10 m de longueur. Pour appuyer sa clôture, elle plante des pieux à tous les 2 mètres. Combien de pieux Francesca a-t-elle utilisés ?

14. Les élèves de la classe de Marie ont vendu des billets pour ramasser des fonds pour les activités de l'école. Une équipe de 6 élèves ont vendu 480 billets, une équipe de 5 élèves ont vendu 450 billets, une équipe de 7 élèves ont vendu 490 billets. Marie affirme que les élèves de l'équipe de 5 ont été de meilleurs vendeurs. A-t-elle raison ? Explique ta réponse.

15. La secrétaire a déposé l'argent de la vente des billets à la banque. Elle a déposé 4 billets de 100 \$, 8 billets de 10 \$ et 9 pièces de 2 \$. Combien d'argent a-t-elle déposé ?

16. Stéphanie choisit un album pour coller ses timbres. L'album qu'elle a choisi a 25 pages et elle peut coller 100 timbres par page. Elle demande au marchand si l'album peut contenir sa collection de 2 150 timbres. À ton avis, que lui répond-il ?

17. Jean-Luc a utilisé 36 blocs pour construire une tour. Les 2/6 des blocs sont verts, 1/2 sont jaunes, les autres blocs sont bleus. Quelle fraction de la tour est bleue ?

18. Annie et ses amies sont allées manger à la pizzeria. Lucie a mangé les 2/3 de sa pizza, Érica en a mangé les 4/6, Annie les 6/9 et Nancy les 3/5. Annie affirme qu'elles ont mangé la même quantité de pizza. A-t-elle raison ? Explique ta réponse.

19. Alice a une grosse boîte dans laquelle elle a placé 575 jetons. Elle veut les ranger dans des boîtes plus petites pouvant contenir 40 jetons chacune. Elle a 15 boîtes. Pourra-t-elle ranger tous ses jetons ?

20. Vendredi matin, Mélissa choisit un livre à la bibliothèque. Elle veut le terminer pour le vendredi suivant. Elle planifie donc sa lecture pour la semaine. Son livre a 238 pages. Combien de pages lira-t-elle chaque soir pour que son livre soit terminé le vendredi matin suivant ?

Sixième année

1. De septembre à janvier, Jean-Luc a vendu 75 567 billets d'entrée dans son théâtre. Il croit que de février à juin un plus grand nombre de visiteurs se sont présentés au théâtre. En février, 15 634 personnes ont assisté aux représentations, en mars 14 357, en avril 17 856, en mai 13 987 et en juin 17 437. Est-ce que Jean-Luc a raison ?

2. Élise veut profiter des soldes (achats sans taxe) pour décorer le salon. Elle achète 2 coussins à 4,98 $ l'unité, un rideau à 10,98 $ et une poterie à 6,99 $. Après avoir acquitté sa facture, il lui reste 2,07 $. Combien d'argent avait-elle pour faire ses achats ?

3. Joanie donne 10 $ à sa gardienne pour qu'elle amène les enfants prendre une collation à la crémerie. Sonia prend une glace à la vanille à 2,75 $, Caroline une glace à l'érable à 2,25 $ et Luc prend un sundae au chocolat à 3,50 $. La gardienne donne un pourboire de 10 %. Est-ce qu'elle a assez d'argent pour payer l'addition ?

4. Vincent calcule les résultats de ses examens de mathématique pour les 3 dernières étapes. À la première étape, il a obtenu 75 %, à la deuxième 67 % et 80 % à la troisième. Quelle est la moyenne de ses résultats pour ces 3 étapes ?

5. Dans la bibliothèque de la classe de Bernadette, 15 % des livres sont des bandes dessinées, la moitié sont des romans, 30 % sont des livres de sciences. Les autres livres sont des documents de référence (dictionnaire, grammaire...). Quel pourcentage de livres sont des documents de référence ?

6. Tous les mois, Bernard dépose de l'argent dans son compte à la caisse scolaire. En septembre, le solde de son compte était de 36,20 $. En octobre, il a retiré 23,00 $. En novembre, décembre et janvier, il a déposé 4,95 $. Combien d'argent lui reste-t-il dans son compte ?

7. Au mois de janvier, Mélissa avait 18,45 $ dans son compte. En février, après son dépôt, elle avait 22,55 $. Elle a fait son dépôt en pièces de 10 cents. Combien de pièces a-t-elle déposées ?

8. Ce matin, Julia a acheté un chandail à 60 $. Dans l'après-midi, elle est allée chercher de l'argent à la banque. Elle a retiré 130 $. Elle a maintenant 220 $ dans son portefeuille. Combien d'argent avait-elle dans son portefeuille en début de journée ?

9. Samedi, Julie a travaillé au kiosque de l'oncle Patrice. En après-midi, sa sœur Sonia est venue l'aider. Elles ont vendu pour 48,00 $ de fraises. Content de leur travail, l'oncle Patrice garde 32,00 $ et partage la somme qui reste entre Julie et Sonia. Julie a reçu 4,00 $ de plus que Sonia. Combien d'argent Julie et Sonia ont-elles reçu ?

10. Frédérique et Annie ont vendu des billets pour la tombola. Ils ont ramassé ensemble 32,25 $. Annie a ramassé 4,25 $ de plus que Frédérique. Combien d'argent Frédérique et Annie ont-ils ramassé ?

11. Pour la fête de son amie, Caroline achète 8 sacs de bonbons à 47 cents chacun, 2 boîtes de jus à 99 cents et 3 paquets de ballons à 59 cents. Elle paie la caissière avec un 10 $. A-t-elle suffisamment d'argent ?

12. Luc et Stéphanie aiment faire de la motoneige. Pour aller à leur chalet, ils conduisent à une vitesse moyenne de 80 km/h. Le parcours prend 1/2 heure. Quelle distance ont-ils parcourue pour se rendre au chalet ?

13. Pour aller à Montréal, Jacques doit parcourir 350 kilomètres. Avec 10 litres d'essence, sa voiture fait 100 kilomètres. Combien de litres d'essence a-t-il besoin pour faire son trajet ?

14. Le camionneur a parcouru 4 520 km la semaine dernière et 3 600 km cette semaine. À son arrivée à destination, l'odomètre du camion indiquait 64 580 km. Quel nombre indiquait l'odomètre au début de la semaine dernière ?

15. La secrétaire veut déposer l'argent de la vente des billets à la banque. Malheureusement, Julien a oublié d'écrire le montant d'argent sur son enveloppe. La classe de Régis a ramassé 15,26 $, la classe de François a ramassé 13,95 $, la classe de Marie-Pier a ramassé 2,50 $ de plus que la classe de François. Le dépôt fait par la secrétaire est de 56,25 $. Combien d'argent les élèves de la classe de Julien ont-ils ramassé ?

16. C'est samedi matin et Jean-Luc planifie sa journée. Il veut consacrer 1 1/2 heure à la lecture, 1/2 heure à l'écoute de son émission favorite, 2 1/2 pour aider son père à réparer la voiture et 1 1/4 pour terminer sa recherche pour son travail de science. Il pense pouvoir faire tout ce qu'il désire en 6 heures. A-t-il raison ?

17. Annie a acheté 4 pizzas pour le souper de fête de Charles. Elle a coupé chaque pizza en 6 pointes. Après avoir servi tous ses invités, il reste 4 pointes de pizza. Combien de pointes de pizza ont été mangées ?

18. Annie avait aussi acheté 2 douzaines de muffins au chocolat et 1 douzaine aux bleuets. Ses invités ont mangé les 2/3 des muffins au chocolat et la moitié des muffins aux bleuets. Combien de muffins n'ont pas été mangés ?

19. Isabelle a 28 $. Avec les 2/7 de son argent, elle achète une montre. Avec le 1/5 de ce qui lui reste, elle achète un billet de cinéma. Elle dépose la moitié de la somme qui lui reste dans son compte à la banque. Combien d'argent lui reste-t-il dans son portefeuille ?

20. Jean-Luc place une clôture autour de son jardin. Son jardin est rectangulaire, mais il ne connaît pas sa dimension. Cependant, il sait que la longueur est le double de celle de la largeur et qu'il a utilisé 84 cm de clôture. Quels sont les dimensions de son jardin ?

Chenelière/Didactique

A APPRENTISSAGE

Apprendre et enseigner autrement
P. Brazeau, L. Langevin
- Guide d'animation
- Vidéo n° 1 Déclencheur
- Vidéo n° 2 Un service-école pour jeunes à risque d'abandon scolaire
- Vidéo n° 3 Le parrainage académique
- Vidéo n° 4 Le monitorat d'enseignement
- Vidéo n° 5 La solidarité académique

Être prof, moi j'aime ça !
Les saisons d'une démarche de croissance pédagogique
L. Arpin, L. Capra

Intégrer les matières de la 7e à la 9e année
Ouvrage collectif

La gestion mentale
Au cœur de l'apprentissage
Danielle Bertrand-Poirier, Claire Côté, Francesca Gianesin, Lucille Paquette Chayer
- Compréhension de lecture
- Grammaire
- Mémorisation
- Résolution de problèmes

L'apprentissage à vie
La pratique de l'éducation des adultes et de l'andragogie
Louise Marchand

Les intelligences multiples
Guide pratique
Bruce Campbell

Les intelligences multiples dans votre classe
Thomas Armstrong

Par quatre chemins
L'intégration des matières au cœur des apprentissages
Martine Leclerc

Pour apprendre à mieux penser
Trucs et astuces pour aider les élèves à gérer leur processus d'apprentissage
Pierre-Paul Gagné

Stratégies pour apprendre et enseigner autrement
Pierre Brazeau

Vivre la pédagogie du projet collectif
Collectif Morissette-Pérusset

C CITOYENNETÉ ET COMPORTEMENT

Citoyens du monde
Éducation dans une perspective mondiale
Véronique Gauthier

Collection Rivière Bleue
Éducation aux valeurs par le théâtre
Louis Cartier, Chantale Métivier
- Sois poli, mon kiki (la politesse, 6 à 9 ans)
- Les petits plongeons (l'estime de soi, 6 à 9 ans)
- Ah ! les jeunes, ils ne respectent rien (les préjugés, 9 à 12 ans)
- Coup de main (la coopération, 9 à 12 ans)

Et si un geste simple donnait des résultats...
Guide d'intervention personnalisée auprès des élèves
Hélène Trudeau et coll.

J'apprends à être heureux
Robert A. Sullo

La réparation: pour une restructuration de la discipline à l'école
Diane C. Gossen
- Manuel
- Guide d'animation

La théorie du choix
William Glasser

L'éducation aux droits et aux responsabilités au primaire
Commission des droits de la personne et des droits de la jeunesse du Québec

L'éducation aux droits et aux responsabilités au secondaire
Commission des droits de la personne et des droits de la jeunesse du Québec

Mon monde de qualité
Carleen Glasser

PACTE: Un programme de développement d'habiletés socio-affectives
B. W. Doucette, S. M. Fowler
- Trousse pour 4e à 7e année (primaire)
- Trousse pour 7e à 12e année (secondaire)

Relevons le défi
Guide sur les questions liées à la violence à l'école
Ouvrage collectif

Ec ÉDUCATION À LA COOPÉRATION

Apprendre la démocratie
Guide de sensibilisation et de formation selon l'apprentissage coopératif
C. Évangéliste-Perron, M. Sabourin, C. Sinagra

Apprenons ensemble
L'apprentissage coopératif en groupes restreints
Judy Clarke et coll.

Découvrir la coopération
Activités d'apprentissage coopératif pour les enfants de 3 à 8 ans
B. Chambers et coll.

Je coopère, je m'amuse
100 jeux coopératifs à découvrir
Christine Fortin

La coopération au fil des jours
Des outils pour apprendre à coopérer
Jim Howden, Huguette Martin

La coopération en classe
Guide pratique appliqué à l'enseignement quotidien
Denise Gaudet et coll.

L'apprentissage coopératif
Théories, méthodes, activités
Philip C. Abrami et coll.

Le travail de groupe
Stratégies d'enseignement pour la classe hétérogène
Elizabeth G. Cohen

Structurer le succès
Un calendrier d'implantation de la coopération
Jim Howden, Marguerite Kopiec

E ÉVALUATION ET COMPÉTENCES

Construire la réussite
L'évaluation comme outil d'intervention
R. J. Cornfield et coll.

Le portfolio au service de l'apprentissage et de l'évaluation
Roger Farr, Bruce Tone
Adaptation française : Pierrette Jalbert

Portfolios et dossiers d'apprentissage
Georgette Goupil
- VIDÉOCASSETTE

Profil d'évaluation
Une analyse pour personnaliser votre pratique
Louise M. Bélair
- GUIDE DU FORMATEUR

G GESTION DE CLASSE

À la maternelle... voir GRAND !
Louise Sarrasin, Marie-Christine Poisson

Apprendre... c'est un beau jeu
L'éducation des jeunes enfants dans un centre préscolaire
M. Baulu-MacWillie, R. Samson

Construire une classe axée sur l'enfant
S. Schwartz, M. Pollishuke

Je danse mon enfance
Guide d'activités d'expression corporelle et de jeux en mouvement
Marie Roy

La classe interculturelle
Guide d'activités et de sensibilisation
Cindy Bailey

La multiclasse
Outils, stratégies et pratiques pour la classe multiâge et multiprogramme
Colleen Politano, Anne Davies
Adaptation française : Monique Le Pailleur

Le conseil de coopération
Un outil pédagogique pour l'organisation de la vie de classe et la gestion des conflits
Danielle Jasmin

L'enfant-vedette (vidéocassette)
Alan Taylor, Louise Sarrasin

Quand les enfants s'en mêlent
Ateliers et scénarios pour une meilleure motivation
Lisette Ouellet

Quand revient septembre...
Jacqueline Caron
- GUIDE SUR LA GESTION DE CLASSE PARTICIPATIVE (VOLUME 1)
- RECUEIL D'OUTILS ORGANISATIONNELS (VOLUME 2)

L LANGUE ET COMMUNICATION

À livres ouverts
Activités de lecture pour les élèves du primaire
Debbie Sturgeon

Attention, j'écoute
Jean Gilliam DeGaetano

École et habitudes de lecture
Étude sur les perceptions d'élèves québécois de 9 à 12 ans
Flore Gervais

Histoire de lire
La littérature jeunesse dans l'enseignement quotidien
Danièle Courchesne